安全生产
事故隐患排查实用手册

策划 ◎ 丁夕平　　主编 ◎ 李运华

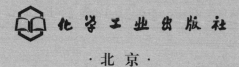

本书从十八个方面简述安全生产事故隐患排查的要点,包括化工现场安全要点、化工工艺安全要点、化工操作安全要点、危险作业安全要点、重大危险源监控安全要点、建构物安全要点、危险化学品储运安全要点、机械工厂现场安全要点、电气设备安全要点、涂漆作业安全要点、冶金铸造安全要点、特种设备安全要点、公用单元安全要点、职业健康监护要点、承包商安全要点、建筑施工安全要点、人员密集场所消防安全要点、烟花爆竹经营单位安全要点等内容。

本书可供生产经营单位各类人员和基层安监干部在安全隐患排查中参考,也可作为高职高专院校安全类、化工类、机械类、建筑施工类等专业课程教材。

图书在版编目(CIP)数据

安全生产事故隐患排查实用手册/李运华主编. —北京:化学工业出版社,2012.5(2025.3重印)
ISBN 978-7-122-13814-9

Ⅰ.安⋯ Ⅱ.李⋯ Ⅲ.工作事故-安全隐患-手册
Ⅳ.X928.06-62

中国版本图书馆 CIP 数据核字(2012)第 046952 号

责任编辑:窦 臻 　　　　　　　　文字编辑:王 琳
责任校对:宋 玮 　　　　　　　　装帧设计:关 飞

出版发行:化学工业出版社(北京市东城区青年湖南街 13 号　邮政编码 100011)
印　　装:河北延风印务有限公司
710mm×1000mm　1/16　印张 14　字数 272 千字　2025 年 3 月北京第 1 版第 17 次印刷

购书咨询:010-64518888 　　　　　　售后服务:010-64 18899
网　　址:http://www.cip.com.cn
凡购买本书,如有缺损质量问题,本社销售中心负责调换。

定　价:30.00 元 　　　　　　　　　　版权所有　违者必究

前言
FOREWORD

当前，人的不安全行为和物的不安全状态是事故发生的主要原因，而部分企业安全管理人员和安监干部存在着对事故隐患"不会查、查不出"的问题，为了提高各类检查人员安全生产事故隐患排查的能力和水平，增强安全生产检查的有效性，我们编写了本书。

本书包括十八个部分的内容，对当前生产经营单位中的重点岗位、重点设施、重点部位的安全检查内容进行了梳理，力求简明扼要、注重实用性。本书既可供生产经营单位各类人员和基层安监干部在安全生产事故隐患排查中参考，又可作为高职高专院校安全类、化工类、机械类、建筑施工类等专业课程教材。

需要说明的是，本书根据不同类别生产经营单位的安全生产特点编写，相关内容具有特定的指导作用，因现代工业已逐步向综合化、复杂化方向发展，不同行业可能存在着类似的岗位和设备设施，读者可按照检查对象的实际和特点对本书的内容进行相应的选读和应用。生产经营单位应在本书所述内容的基础上，根据本单位安全生产实际情况制定安全生产隐患排查细则进行检查，确保安全生产。

本书由镇江新区管委会副主任丁夕平担任策划，全书由镇江新区安监局局长李运华统稿并主编，镇江新区安监局副局长顾祥刚为副主编，全书由镇江高等专科学校朱建军副教授主审。在编写过程中得到了刘炘正、吕保和、郭伟杰、纪桂明、程宇和、秦琼、屠红云、艾迁、任军、杨武、石洪亮、刘其普等专家的大力协助，江苏大学刘宏副教授对本书书稿进行了文字校对，在此一并表示感谢！

在本书编写过程中参阅了大量安全生产的书籍和资料，在此对相关作者表示感谢。因本书为初次编写，加之水平有限，内容可能还不甚完善，敬请广大读者在阅读和使用中多提宝贵意见，以便进一步丰富和完善。

编　者

2012 年 2 月于镇江

目录 CONTENTS

第一部分　化工安全要点 1
　一、安全生产规章制度、安全管理台账 1
　二、现场安全基本要求 4
　三、现场安全检查要点 4

第二部分　化工工艺安全要点 7
　一、工艺操作人员应掌握的主要工艺安全信息 7
　二、应该掌握的基本安全要点 8
　三、工艺过程的安全控制要点 8

第三部分　化工安全操作要点 22
　一、化工安全操作基础 22
　二、生产岗位安全操作要点 23
　三、开车安全操作要点 23
　四、停车安全操作要点 24
　五、紧急处理要点 24
　六、典型操作单元安全要点 25

第四部分　危险作业安全要点 33
　一、动火作业安全要点 33
　二、动土作业安全要点 34
　三、吊装作业安全要点 36
　四、高处作业安全要点 38
　五、盲板抽堵作业安全要点 41
　六、受限空间作业安全要点 42
　七、断路作业安全要点 44
　八、设备检修作业安全要点 46
　九、焊割作业安全要点 48

第五部分　重大危险源监控安全要点 50

第六部分　建构物安全要点 52

第七部分　危险化学品储运安全要点 …… 54
　　一、易燃易爆仓库 …… 54
　　二、易燃易爆罐区 …… 56
　　三、一般危险化学品罐区 …… 58
　　四、一般危险化学品仓库 …… 58
　　五、危险化学品露天存放 …… 59
　　六、剧毒化学品仓库 …… 60
　　七、危险化学品运输（含装卸）…… 61

第八部分　机械工厂现场安全要点 …… 63
　　一、通用安全要求 …… 63
　　二、机械钳工岗位安全要点 …… 64
　　三、修理装配钳工岗位安全要点 …… 65
　　四、管道钳工岗位安全要点 …… 66
　　五、机床岗位安全要点 …… 66
　　六、锻压机械安全要点 …… 68
　　七、工业炉窑安全要点 …… 71
　　八、数控机床安全要点 …… 73
　　九、冲床安全要点 …… 75
　　十、剪板机安全要点 …… 75
　　十一、车削加工安全要点 …… 78
　　十二、钻床安全要点 …… 81
　　十三、刨削加工安全要点 …… 82
　　十四、铣削加工安全要点 …… 85
　　十五、磨削加工安全要点 …… 87
　　十六、镗削加工安全要点 …… 90
　　十七、砂轮机安全要点 …… 93

第九部分　电气设备安全要点 …… 96
　　一、变、配电站 …… 96
　　二、供电系统接地 …… 97
　　三、开关电气设备 …… 97
　　四、电压互感器、电容器 …… 98
　　五、电动机 …… 98
　　六、移动电具和低压电器 …… 99

七、临时电源线 ··· 99

八、架空线及户内外布线 ··· 100

九、防雷和接地保护 ·· 101

十、静电 ··· 102

十一、防爆电气设备 ·· 103

十二、其他电气安全要求 ··· 104

第十部分　涂漆作业安全要点 ·· 106

一、设备安全要点 ··· 106

二、行为安全要点 ··· 107

三、作业环境安全要点 ··· 108

第十一部分　冶金、铸造安全要点 ·· 109

一、通用部分 ·· 109

二、高炉安全要点 ··· 109

三、电炉炼钢安全要点 ·· 114

四、转炉安全要点 ··· 118

五、精炼炉安全要点 ·· 120

六、连铸机安全要点 ·· 122

七、轧钢安全要点 ··· 124

八、煤气管理安全要点 ·· 129

九、烧结球团安全要点 ·· 135

十、铁合金安全要点 ·· 139

十一、焦化安全要点 ·· 142

十二、坩埚安全要点 ·· 154

十三、碎铁机安全要点 ·· 155

十四、混砂机安全要点 ·· 156

十五、皮带输送机安全要点 ·· 157

十六、鳞板输送机安全要点 ·· 158

十七、抛砂机安全要点 ·· 158

十八、抛丸清理安全要点 ··· 159

十九、清理滚筒安全要点 ··· 160

二十、抛丸清理滚筒安全要点 ·· 161

第十二部分　特种设备安全要点 ·· 162

一、锅炉安全要点 ··· 162

二、导热油炉安全要点 ································· 165
三、起重机械安全要点 ································· 166
四、厂内机动车辆（含叉车、搬运车）安全要点 ············ 169
五、压力容器安全要点 ································· 170
六、压力管道安全要点 ································· 171
七、工业气瓶安全要点 ································· 172
八、电梯安全要点 ····································· 174

第十三部分 公用单元安全要点 ······················· **176**
一、空压房安全要点 ··································· 176
二、制氧站安全要点 ··································· 176
三、天然气使用安全检查 ······························· 180

第十四部分 职业健康监护要点 ······················· **182**

第十五部分 承包商安全要点 ························· **184**

第十六部分 建筑施工安全要点 ······················· **186**
一、基坑支护 ··· 186
二、模板工程 ··· 187
三、"三宝"、"四口"、"临边防护" ····················· 189
四、施工临时用电 ····································· 191
五、物料提升机 ······································· 192
六、外用电梯 ··· 193
七、塔吊 ··· 194
八、施工机具 ··· 196
九、脚手架 ··· 200
十、卸料平台 ··· 203
十一、预防坍塌 ······································· 204
十二、文明施工 ······································· 205
十三、其他 ··· 207

第十七部分 人员密集场所消防安全要点 ··············· **208**
一、单位消防安全管理 ································· 208
二、消防控制室 ······································· 208
三、防火分隔 ··· 208
四、人员安全疏散系统 ································· 209

五、火灾自动报警系统 ………………………………………………………… 209
六、湿式自动喷水灭火系统 …………………………………………………… 209
七、消火栓、水泵接合器 ……………………………………………………… 210
八、消防水泵房、给水管道、储水设施 ……………………………………… 210
九、防烟排烟系统 ……………………………………………………………… 210
十、灭火器 ……………………………………………………………………… 210
十一、室内装修 ………………………………………………………………… 211
十二、外墙及屋顶保温材料和装修 …………………………………………… 211
十三、其他 ……………………………………………………………………… 211

第十八部分　烟花爆竹经营单位现场安全要点 …………………………… 212
一、烟花爆竹批发企业安全要点 ……………………………………………… 212
二、烟花爆竹零售经营单位安全要点 ………………………………………… 214

第一部分 化工安全要点

一、安全生产规章制度、安全管理台账

1. 单位负责人应当根据本单位的安全生产状况组织制定本单位安全投入保障制度，做出安全投入的长远规划和年度计划；要设立专门账户和台账，专款专用，不得擅自、随意挪用安全投入资金；要定期了解、检查安全投入资金的使用情况。在使用安全投入资金的安全技术措施或安全设备的更新等项目完成后，要组织进行验收，确保资金的有效使用。

2. 企业应明确以下安全生产管理机构和职能部门及相关人员的安全职责：

（1）决策机构。

（2）安委会或领导小组。

（3）安全生产管理机构。

（4）机械、动力、设备部门。

（5）生产、技术、计划、调度、质量、计量部门。

（6）消防、保卫部门。

（7）职业卫生、环保部门。

（8）供销、运输部门。

（9）基建（工程）部门。

（10）劳动人事、教育部门。

（11）财务部门。

（12）工会部门。

（13）科研、设计、规划部门。

（14）行政、后勤部门。

（15）其他有关部门。

3. 企业应制订健全的安全生产规章制度，并发放到有关的工作岗位。至少包括：

（1）安全生产责任制度。

（2）安全培训教育制度。

（3）安全检查和隐患整改管理制度。

（4）安全检查维修管理制度。

(5) 安全作业管理制度。
(6) 危险化学品安全管理制度。
(7) 生产设施安全管理制度。
(8) 安全投入保障制度。
(9) 劳动防护用品（具）和保健品发放管理制度。
(10) 事故管理制度。
(11) 职业卫生管理制度。
(12) 仓库、罐区安全管理制度。
(13) 安全生产会议管理制度。
(14) 剧毒化学品安全管理制度。
(15) 安全生产奖惩管理制度。
(16) 防火、防爆、防尘、防毒管理制度。
(17) 消防管理制度。
(18) 禁火、禁烟管理制度。
(19) 特种作业人员管理制度。
(20) 风险评价程序或指导书。
(21) 重大危险源管理制度。
(22) 识别和获取使用的安全生产法律法规标准及其他要求的管理制度。
(23) 监视和测量设备管理制度。
(24) 关键装置、重点部位安全管理制度。
(25) 生产设施安全拆除和报废管理制度。
(26) 危险化学品储存出入库管理制度。
(27) 危险化学品运输、装卸安全管理制度。
(28) 承包商管理制度。
(29) 供应商管理制度。

(30) 变更管理制度。厂址的改变、工艺的改变、设备的改变、产品的改变、安装位置的改变、管道走向的改变，甚至阀门、法兰形式的改变等，要按照一定的程序进行变更，要有制度保证。应当重新进行安全审查的还要进行安全审查，需要重新做安全评价的还要做评价，需要由设计单位出具变更文件的由设计单位出具等。

(31) 生产作业场所危害因素检测制度。
(32) 绩效考核制度。

4. 生产设施安全管理制度

(1) 设备的定期检查和考核，设备缺陷和隐患的消除，生产装置的开停车管理，设备停修吹扫方案，压力容器和工业管道的运行维护管理。

(2) 机、泵设备管理；设备防腐蚀管理；设备、设施保温/保冷管理；起重设备的管理。

(3) 电气设备的管理。

(4) 通讯工具及设施的管理；运输工具/设施的管理。

(5) 安全连锁装置的管理。

5. 应有齐全的安全生产台账，安全台账明确责任人。主要包括以下方面：

(1) 安全设施检修保养台账。

(2) 日常安全教育台账。

(3) 外来人员进入现场前培训教育台账。

(4) 员工换岗、离岗安全培训教育台账。

(5) 从业人员年度培训教育台账。

(6) 安全设施登记台账。

(7) 重大风险及控制措施台账。

(8) 工作危害分析记录台账。

(9) 个体防护用品发放台账。

(10) 劳动保护用品质量验收台账。

(11) 职业卫生防护设施保养、检修台账。

(12) 工伤社会保险参保台账。

(13) 关键装置及重点部位安全活动台账。

(14) 合格承包商台账。

(15) 机动车进厂台账。

(16) 监视和测量设备校准和维护台账。

(17) 职业健康安全警示标志设置台账。

(18) 安全生产考核奖惩情况台账。

(19) 安全作业证台账。

(20) 安全生产重大事故隐患治理档案台账。

(21) 重大危险源台账。

(22) 安全生产事故隐患排查治理台账。

(23) 危险化学品台账。

(24) 危险化学品出入库台账。

(25) 特种设备定期检验台账。

(26) 特种设备作业人员台账。

(27) 特种设备安全检查台账。

(28) 特种设备安全隐患排查整改台账。

(29) 安全生产事故台账。

二、现场安全基本要求

1. 新入厂人员须经三级安全教育并考核合格后才能上岗作业。
2. 操作人员应经过应急训练,具有处置突发事件的技能。
3. 正确佩戴劳动保护用品。
4. 严禁班前、班上饮酒。
5. 生产现场严禁吸烟。
6. 各作业岗位应杜绝睡岗、串岗、脱岗现象。
7. 操作人员不得穿拖鞋、赤脚、赤膊、敞衣、戴头巾和围巾工作。
8. 使用设备前应进行安全检查。
9. 严禁从行驶的机动车辆爬上、跳下,严禁抛卸物品;车间内不准骑自行车。
10. 严禁任何人攀登吊运中的物件以及在吊钩下通过和停留。
11. 安全警示标志完好。
12. 现场岗位周知卡完好、清晰。
13. 道路上方的管架等要有限高标志。
14. 安全防护装置、信号保险装置应齐全、灵敏、可靠,设备润滑及通风应保持良好。
15. 检查修理机械电气设备时,必须挂停电警示牌,设专人监护。
16. 各种消防器材、工具应按消防规范设置齐全,不准随便动用。安放地点周围不得堆放其他物品。
17. 对易燃、易爆、剧毒、放射和腐蚀等物品,必须按规定分类妥善存放,并设专人严格管理。
18. 工艺流程、操作方式改变后,应按照变更程序组织人员对操作规程进行修订,并对相关人员进行培训。

三、现场安全检查要点

1. 岗位操作人员应严格遵守操作规程。
2. 中控指标的执行良好,操作记录及时、真实,字迹清晰工整。
3. 特种作业人员须持证上岗,检查特种设备操作人员和特殊工种人员的资格证,并在有效期内。
4. 冬季防冻防凝保温、夏季防暑降温措施完好。
5. 有毒有害岗位的过滤式防毒面具、空气呼吸器、防化服等设备完好有效,而且定期维护。

6. 岗位应急预案按期演练，并有详细的演练记录。

7. 现场无跑、冒、滴、漏现象，卫生状况良好。

8. 防爆区电气设施螺丝齐全紧固，电气设备为防爆型，电气线路密封且连接良好，穿线管或电气接线部位封堵严实。

9. 安全附件齐全，均在检测有效期内，运行良好。

10. 各监测报警装置安装齐全，运行良好。

11. 各联锁装置完好、有效；摘除、恢复连锁装置必须履行相关手续。

12. 各安全阀、液位计、压力表完好且均在检验期内，远传信号良好，上下限报警正常。压力表上要有限位红线。

13. 各联锁装置运行正常，而且定期试验。

14. 可燃气体、有毒气体报警仪安装率、使用率、完好率应达到100%，应按规定进行校验，并有记录，要在检验有效期内。

15. 手动试验声光报警应正常，故障报警应完好。

16. 喷淋洗眼器等安全装置时刻处于备用完好状态。

17. 各温度、压力、阻力、流量等参数在规定范围之内，液位指示准确。

18. 仪表设备应完好，防爆区内仪表应符合防爆规范要求。

19. 仪表无锈蚀、松动等潜在危险。

20. 仪表指示准确、灵敏，一次表和二次表及阀门动作应统一。

21. 本车间范围内变电室、配电室门窗、玻璃齐全。

22. 供水消防泵及其附属设施完好，随时处于备用状态。

23. 消防栓开启灵活，出水正常，排水良好，出水口扣盖、橡胶垫圈齐全完好。

24. 消防枪、消防水带等完好。

25. 消防柜内器材齐全，并保持干燥、清洁，附件完好无损。

26. 消防通道畅通无阻，各种安全、消防设施应处于正常状态。

27. 通道应畅通无阻，应急灯具应齐全、完好；防火门的自闭器完好，能够自动关闭。

28. 岗位安全周知卡应齐备。

29. 对本车间易燃易爆、有毒有害场所的警示标志和告知牌应齐全完好。

30. 有害作业与无害作业分开，高毒作业场所与其他作业场所隔离。

31. 使用有毒物品作业场所与生活区分开，作业场所不得住人。

32. 有毒有害作业场所按规定设置警示标志、报警设施、冲洗设施及防护急救器具专柜，柜内药品、设施齐全。

33. 检维修、施工、吊装等作业现场应设置警戒区域和警示标志。

34. 杜绝违章指挥、违章作业、违反劳动纪律等现象。

35. 气防用具应定期维护保养，时刻处于完好备用状态。

36. 工艺阀门开关应灵活，无开关不到位、过紧、过松、响动、内漏外流、腐蚀、堵塞等情况。

37. 工艺管线应无震动、松动、跑冒滴漏腐蚀、堵塞等情况。

38. 设备维护保养、润滑等落实到位，并有相应记录。

39. 机泵泵体、阀门、法兰、压力表、温度计、流量计等完好。

40. 备用设备状况良好，定期检查维护，可随时启用。

41. 运转设备基础牢固，运转及润滑情况良好。

42. 各运转部件无异常响声，辅机及管线无震动，润滑油油质符合相关要求。

43. 设备运转状态平稳。

44. 暴露在外的传动部位有符合标准的安全防护罩，有轴必套，有轮必罩。

45. 电机无声音增大、振动增强现象。

46. 检查电机外壳保护接地应牢靠。

47. 电机及电器元件无火花及异常声响、气味，电流、电压等在指标范围内。

48. 地沟及地沟盖完好无损。

49. 需正压通风的场所，通风设施能够正常运行。

50. 钢直护笼、斜梯和操作平台护栏完好，而且涂有安全色。

51. 外来施工队伍必须有相应资质，并完善相关手续，外来施工队伍施工应有安全防护措施。

52. 外来施工队伍施工应避免影响正常生产操作。

53. 操作人员应掌握安全技术操作规程，知道工艺过程的控制参数，知道安装的全部安全设施和采取的安全措施、安全设施能否正常运行、生产中可能出现的异常情况和处置方法、本岗位的主要危险有害因素。

第二部分 化工工艺安全要点

一、工艺操作人员应掌握的主要工艺安全信息

1. 化学品危险性信息

(1) 物理特性：沸点、蒸气压、密度、溶解度、闪点、燃点、爆炸极限。

(2) 化学特性：反应活性热（吸热还是放热）、物料的热稳定性和化学稳定性（如受热是否分解、暴露于空气中或被撞击时是否稳定、与其他物质混合时的不良后果、混合后是否发生反应）、反应类型（如分解反应、聚合反应）、腐蚀性以及材质的不相容性。

(3) 毒性：LD_{50}（大白鼠经口）。

(4) 职业接触限值、允许暴露限值。

(5) 火灾危险性类别。

(6) 泄漏化学品的处置方法。

(7) 物料安全技术说明书（MSDS）。

2. 工艺技术信息

(1) 流程图。

(2) 化学反应过程。

(3) 物料最大储存量。

(4) 安全操作范围（如压力、温度、流量、液位）安全上下限值。

(5) 偏离正常工况后果，包括对员工的安全和健康的影响。

(6) 物料平衡表，能量平衡表。

(7) 与工艺有关的法律法规、标准或规范。

3. 工艺设备信息

(1) 位号、型号、名称、材质、用途、工作参数、设计参数。

(2) 工艺控制流程图。

(3) 爆炸危险区域划分图。

(4) 泄压和排空系统、调节阀系统、通风系统、氮气系统、压缩空气系统、制冷系统、真空系统、蒸汽系统、导热油系统、参数检测系统和计量控制系统等。

4. 安全设施信息

(1) 自控系统的工艺控制参数。

(2) 监控、报警系统和联锁系统。

(3) 紧急停车系统。

(4) 监测或抑制系统。

(5) 冲淋、洗眼器。

二、应该掌握的基本安全要点

1. 工艺操作规程、安全操作规程。
2. 安全设施的布置位置、数量，车间应有安全设施分布图或一览表。
3. 安全设施运行正常。
4. 需要定期检测的安全设施应在有效期内。
5. 工艺操作过程中可能出现的异常情况和应急处理方法。
6. 存在的危险工艺和控制参数。
7. 重点监管危险化学品应有相应的安全措施和应急处置方法。
8. 有处置温度、压力、搅拌、冷却、真空、输送泵、回流等异常情况的措施。
9. 有防止人工投料发生差错的措施，如及时校核记录等。
10. 投料发生差错时可能出现的不安全因素及应急处理程序和方法。
11. 自控投料的计量器具应按规定定期校验。
12. 清楚管道输送的物料名称及物料流向。
13. 作业场所有毒气体浓度不应超过职业接触限值。
14. 粉尘危害物质的存在部位，有防粉尘的措施。
15. 个人应该穿戴的防护用品。
16. 救援用品分布位置和使用方法。
17. 紧急状况下能在规定的时间内穿戴好空气呼吸器。
18. 会使用消防器材，消防通道无杂物阻挡。
19. 疏散通道方位、疏散地点应明确，疏散通道应畅通。

三、工艺过程的安全控制要点

（一）一般化工工艺的基本安全要求

1. 投料

（1）应该知道原辅料物化性质、投料程序、泄漏的处理措施和可能出现的安全问题。

（2）投料前应该做好相关的准备工作（按操作规程进行）：

① 穿戴好防护用品，检查安全设施应完好，做好检查记录；

② 按规定要求依次关闭或打开相关阀门（底阀、蒸汽阀、真空阀、氮气阀、冷冻介质阀、水阀、放空阀、回流阀等）；
③ 检查管道、阀门、反应釜、计量槽等是否泄漏；
④ 打开通风或抽风系统。

（3）物料包装应完整，有标签、名称、重量、质量指标、产地、批号。

（4）按要求的投料量准确称重，有人复核、记录。

（5）若用软管抽吸液体物料，管道中的液体物料不应有残留，抽完后应该将敞开的进料管口放入密闭容器中，防止管中残液泄漏，发生安全事故。

（6）起吊物料的人员应持证上岗，操作中发现异常应立即停止起吊。

（7）剩余物料存放车间指定区域或退回仓库，车间存放的物料不应超过一天用量。

（8）如有物料泄漏，不得随意用水冲洗，应根据安全操作规程及时处置。

（9）有物料溅到人体应及时处置，如是酸碱应立即用水冲洗，不得延误，必要时就医。

2. 工艺操作

工艺操作岗位员工应针对本岗位安全操作规程操作，以下方法为员工提供重要参考。

（1）按操作程序开启阀门、搅拌等。

（2）严格控制加料速度，温度、压力必须在规定范围内。

（3）如温度、压力超出正常范围，应按操作规程立即处置。如仍然不能正常运行，应立即停车，问题解决后方可继续运行。

（4）如发生冲料，应立即采取切实可行的安全措施，对冲出的物料应及时处置。

（5）冷凝器的冷却系统应正常运行，冷凝液和冷却液的出口温度应在规定范围内，如超温应及时采取切实可行的措施。

（6）处理易凝固、易沉积危险性物料时，设备和管道应有防止堵塞和便于疏通的措施。

（7）物料倒流会产生危险的设备管道，应根据具体情况设置自动切断阀、止回阀或中间容器等。

（8）在不正常情况下，物料串通会产生危险时，应有防止措施。

（9）对有失控可能的聚合等工艺过程，应根据不同情况采取下列一种或几种应急措施：
① 停止加入催化剂（引发剂）；
② 加入终止剂或链转移剂，使催化剂失效；
③ 排出物料或停止加入物料；
④ 紧急泄压；

⑤ 停止供热或由加热转为冷却；
⑥ 加入稀释物料；
⑦ 加入易挥发性物料；
⑧ 通入惰性气体。

（10）输送酸、碱等强腐蚀性化学物料泵的填料函或机械密封周围，宜设置安全护罩。

（11）从设备及管道排放的腐蚀性气体或液体，应加以收集、处理，不得任意排放。

（12）安全标志和安全色完好清晰。

（13）阀门布置比较集中，易因误操作而引发事故时，应在阀门附近标明输送介质的名称、符号等明显的标志。

（14）生产场所与作业地点的紧急通道和紧急出入口均应设置明显的标志和指示箭头。

（15）极度危害（Ⅰ级）或高度危害（Ⅱ级）的职业性接触毒物应采用密闭循环系统取样。

（16）取样口的高度离操作人员站立的地面与平台不宜超过1.3m，高温物料的取样应经冷却。

（17）硫化氢应采取密闭方式取样。

（18）极度危害（Ⅰ级）、高度危害（Ⅱ级）的职业性接触毒物和高温及强腐蚀性物料的液位指示，不得采用玻璃管液位计。

（19）产生大量湿气的厂房，应采取通风除湿措施，并防止顶棚滴水和地面积水。

（20）腐蚀性介质的测量仪表管线，应有相应的隔离、冲洗、吹气等防护措施。

（21）强腐蚀性液体的排液阀门，宜设双阀。

（22）液氯汽化热水不应超过40℃。

（23）应按规定巡检，做好记录。

（24）不得在作业现场用餐。

（二）常见危险工艺的基本安全要求

在对危险工艺进行安全检查时，应对照工艺图纸和技术文件逐一核实。

1. 电解工艺

（1）电解槽有温度、压力、液位、流量报警，并且联锁有效。

（2）电解供电整流装置与电解槽供电的报警和联锁。

（3）有紧急联锁切断装置和事故状态下氯气吸收中和系统，并保证吸收中和系统有效，如碱液浓度、储量等必须满足要求。

（4）有可燃和有毒气体检测报警装置，并在检测有效期内。

（5）设有联锁停车系统。

2. 氯化工艺

（1）氯化反应釜设有温度、压力检测报警系统，并与搅拌、氯化剂流量、进水阀联锁。

（2）设有反应物料的比例控制和联锁。

（3）有搅拌的稳定控制系统，有进料缓冲器。

（4）有紧急进料切断系统。

（5）有紧急冷却系统。

（6）有安全泄放系统。

（7）有事故状态下氯气吸收中和系统。

（8）有可燃和有毒气体检测报警装置，并在检测有效期内。

3. 硝化工艺

（1）反应釜内温度应有报警，并与搅拌、硝化剂流量、硝化反应釜夹套冷却水进水阀联锁。

（2）硝化反应釜处设立紧急停车系统、安全泄放系统和紧急冷却系统，当硝化反应釜内温度超标或搅拌系统发生故障能自动报警并自动停止加料，实施紧急冷却和安全泄放。

（3）分离系统温度控制与加热、冷却形成联锁，温度超标时能停止加热并紧急冷却。

（4）有塔釜杂质监控系统。

（5）硝化反应系统应设有泄爆管和紧急排放系统。

4. 裂解

（1）将引风机电流与裂解炉进料阀、燃料油进料阀、稀释蒸汽阀之间联锁，一旦引风机故障停车，则裂解炉自动停止进料并切断燃料供应，但应继续供应稀释蒸汽，以带走炉膛内的余热。

（2）燃料油压力与燃料油进料阀、裂解炉进料阀之间联锁，燃料油压力降低，则切断燃料油进料阀，同时切断裂解炉进料阀。

（3）分离塔应安装安全阀和放空管，低压系统与高压系统之间应有逆止阀，并配备固定的氮气装置、蒸汽灭火装置。

（4）裂解炉电流与锅炉给水流量、稀释蒸汽流量之间联锁，一旦水、电、蒸汽等公用工程出现故障，裂解炉能自动紧急停车。

（5）反应压力正常情况下由压缩机转速控制，开工及非正常工况下由压缩机入口放火炬控制。

（6）再生压力由烟机入口蝶阀和旁路滑阀（或蝶阀）分程控制。

（7）再生、待生滑阀正常情况下分别由反应温度信号和反应器料位信号控制，一旦滑阀差压出现低限，则转由滑阀差压控制。

（8）再生温度由外取热器催化剂循环量或流化介质流量控制。

（9）带明火的锅炉设置熄火保护控制。

（10）大型机组设置相关的轴温、轴震动、轴位移、油压、油温、防喘振等系统控制。

5. 氟化

（1）反应釜内温度、压力与釜内搅拌、氟化物流量、氟化反应釜夹套冷却水进水阀联锁。

（2）紧急冷却系统应有报警和联锁。

（3）应有搅拌的稳定控制系统。

（4）氟化反应釜处设立紧急停车系统和安全泄放系统，当氟化反应釜内温度或压力超标或搅拌系统发生故障时能自动停止加料并紧急停车。

（5）氟化反应操作中，要严格控制氟化物浓度、投料配比、进料速度和反应温度等，必要时应设置自动比例调节装置和自动联锁控制装置。

6. 加氢

（1）将加氢反应釜内温度、压力与釜内搅拌电流、氢气流量、加氢反应釜夹套冷却水进水阀形成联锁关系。

（2）应设置温度和压力的报警。

（3）应有循环氢压缩机停机报警、氢气紧急切断和搅拌的稳定控制系统。

（4）设置紧急停车系统、安全泄放系统和加入急冷氮气或氢气紧急冷却的系统，当加氢反应釜内温度或压力超标或搅拌系统发生故障时自动停止加氢，紧急冷却，进入紧急状态安全泄放。

（5）有安全阀、爆破片、紧急放空阀、有毒或可燃气体探测器等安全设施。

7. 重氮化

（1）反应釜内温度、压力与搅拌、亚硝酸钠流量、重氮化反应釜夹套冷却水进水阀联锁。

（2）反应物料的比例控制和联锁系统。

（3）应有紧急冷却系统、紧急停车系统、安全泄放系统，当重氮化反应釜内温度超标或搅拌系统发生故障时自动停止加料、紧急停车并安全泄放。

（4）重氮化后处理设备应配置温度检测、搅拌、冷却联锁自动控制调节装置。

（5）干燥设备应配置温度测量、加热热源开关、惰性气体保护的联锁装置。

（6）有安全阀、爆破片、紧急放空阀等安全设施。

8. 氧化

（1）反应釜内温度和压力与反应物的配比和流量、冷却水进水阀、紧急冷却系统联锁。

（2）应有紧急切断系统、紧急断料系统、紧急冷却系统和紧急送入惰性气体的系统，当氧化反应釜内温度超标或搅拌系统发生故障时自动停止加料、紧急冷却和紧急送入惰性气体，进行紧急停车。

（3）气相氧含量监测、报警和联锁。

（4）有安全阀、爆破片、可燃和有毒气体检测报警装置等安全设施，同时查看该装置是否在检测有效期限内。

9. 过氧化

（1）反应釜温度和压力的报警。

（2）应有紧急停车系统、紧急断料系统、紧急冷却系统、安全泄放系统和紧急送入惰性气体的系统。

（3）过氧化反应釜内温度与釜内搅拌电流、过氧化物流量、过氧化反应釜夹套冷却水进水阀联锁。当釜内温度超标或搅拌系统发生故障时自动停止加料、紧急冷却和紧急送入惰性气体，进行紧急停车。

（4）反应物料的比例控制和联锁。

（5）气相氧含量监测、报警和联锁。

（6）安全设施有泄爆管、安全泄放系统、可燃和有毒气体检测报警装置等，同时查看该装置是否在检测有效期限内。

10. 氨基化

（1）反应釜温度和压力的报警。

（2）反应釜内温度、压力与搅拌、物料流量、反应釜夹套冷却水进水阀联锁。

（3）反应物料的比例控制和联锁系统。

（4）应有紧急冷却系统、紧急停车系统、紧急送入惰性气体的系统、安全泄放系统。

（5）气相氧含量监控联锁。

（6）主要安全设施有安全阀、爆破片、单向阀、可燃和有毒气体检测报警装置等，同时查看该装置是否在检测有效期限内。

11. 磺化

（1）反应釜温度的报警。

（2）反应釜内温度与磺化剂流量、磺化反应釜夹套冷却水进水阀、釜内搅拌电流联锁。

（3）搅拌的稳定控制和联锁系统。

（4）应有紧急冷却系统、紧急停车系统、安全泄放系统，当磺化反应釜内各参数偏离工艺指标时能自动报警，停止加料，进行紧急停车。

（5）安全设施有泄爆管、紧急排放系统和三氧化硫泄漏监控报警系统等，其中泄爆管出口应引到安全地点。

12. 聚合

（1）反应釜温度和压力的报警。

（2）反应釜内温度、压力与釜内搅拌电流、聚合单体流量、引发剂加入量、聚合反应釜夹套冷却水进水阀联锁。

（3）设置紧急冷却系统、紧急切断系统、紧急停车系统和紧急加入反应终止剂系统。

（4）当反应超温、搅拌失效或冷却失效时，能及时加入聚合反应终止剂，安全泄放，紧急停车。

（5）搅拌的稳定控制和联锁系统。

（6）料仓应消除静电，用氮气置换。

（7）安全设施有安全泄放系统、防爆墙、泄爆面和有毒或可燃气体检测报警等。

13. 烷基化

（1）应有紧急切断系统、紧急冷却系统、安全泄放系统。

（2）反应釜内温度和压力与釜内搅拌、烷基化物料流量、烷基化反应釜夹套冷却水进水阀联锁。

（3）安全设施有可燃和有毒气体检测报警装置、安全阀、爆破片、紧急放空阀和单向阀。

14. 光气及光气化工艺

（1）应有事故紧急切断阀、紧急冷却系统。

（2）反应釜温度、压力报警联锁。

（3）局部排风设施。

（4）有毒气体回收及处理系统。

（5）自动泄压装置。

（6）自动氨或碱液喷淋装置。

（7）光气、氯气、一氧化碳监测及超限报警。

（8）双电源供电。

15. 合成氨工艺

（1）合成氨装置内温度、压力与物料流量、冷却系统联锁。

（2）压缩机温度、压力、入口分离器液位与供电系统形成联锁关系。

（3）紧急停车系统。

（4）可燃、有毒气体检测报警装置。

（5）设置以下几个控制回路：

① 氨分、冷交液位；

② 废锅液位；

③ 循环量控制；

④ 废锅蒸汽流量；

⑤ 废锅蒸汽压力。

（三）重点监管的常见危险化学品

涉及首批监控的危险化学品的单位，应对照国家安监总局公布的控制措施和原则进行检查，下面列出的仅为基本安全要求。

1. 易燃、可燃和有毒气体、液体

包括：氨、液化石油气、硫化氢、天然气（甲烷）、原油、汽油（含甲醇汽油、乙醇汽油）、石脑油、氢、苯（含粗苯）、碳酰氯（光气）、一氧化碳、甲醇、丙烯腈、环氧乙烷、乙炔、氯乙烯、乙烯、苯乙烯、环氧丙烷、一氯甲烷、硫酸二甲酯、苯胺、丙烯醛（2-丙烯醛）、甲醚、氯苯（氯化苯）、乙酸乙烯酯、二甲胺、甲苯二异氰酸酯、六氯环戊二烯、二硫化碳、乙烷、氯甲基甲醚、烯丙胺、异氰酸甲酯、甲基叔丁基醚、乙酸乙酯、丙烯酸、甲基肼、一甲胺、乙醛、甲苯、1,3-丁二烯、丙烯（1-丙烯）、环氧氯丙烷、三氟化硼、磷化氢。

A. 一般要求

（1）防爆。

（2）应有泄漏检测报警仪。泄漏检测报警仪设置的原则为：当检测密度比空气大的气体或蒸汽时，应安装在泄漏点的下方，距离地面一般在 30～60cm。离泄漏点距离：检测有毒气体的为 2.5m；检测可燃气体的，室内 7.5m，室外 15m。

（3）应有压力、液位、温度远传记录和报警。

（4）储罐等压力容器和设备应设置安全阀、压力表、液位计、温度计。

（5）有动力电源、管线压力、通风设施或相应吸收装置的联锁装置。

（6）应有紧急切断装置或紧急停车系统。

（7）管道外壁应有色标、物料名称、物料走向标志。

（8）输送管道不应靠近热源敷设。

（9）应有两套正压式空气呼吸器。

（10）应有长管式防毒面具、重型防护服等防护器具、防护眼镜、防静电工作服，戴橡胶手套、过滤式防毒面具。

（11）应有安全警示标志。

（12）在传送过程中，钢瓶、容器及管道必须接地和跨接，防止产生静电。检查时要注意接地和防静电跨接的质量，原则上相邻的两只法兰应可靠跨接。

（13）禁止使用电磁起重机和用链绳捆扎，或将瓶阀作为吊运着力点。

（14）配备相应品种和数量的消防器材及泄漏应急处理设备。

（15）作业环境应设立风向标。

（16）对有可能失控的工艺过程的应急措施有：排出物料或停止加入物料；紧急泄压；停止供热或由加热转为冷却；加入稀释物料；加入易挥发性物料；通入惰性气体；与灭火系统联锁。

（17）充装岗位要有万向节管道充装系统。

B. 特殊要求（部分）

（1）氯（剧毒品）

① 用小于40℃温水加热汽化器；

② 液氯汽化器、预冷器及热交换器等设备，装有排污装置和污物处理设施；

③ 定期分析三氯化氮含量；

④ 禁止向泄漏的钢瓶上喷水；

⑤ 充装时，使用万向节管道充装系统；

⑥ 警示标志齐全。

（2）氨

① 液氨气瓶放置在距工作场地至少5m以外的地方，并且通风良好；

② 防止冻伤。

（3）硫化氢（强烈的神经毒物）

① 操作时佩戴正压自给式空气呼吸器；

② 使用便携式硫化氢检测报警仪；

③ 作业工人腰间缚以救护带或绳子，要设监护人员。

（4）氢气

管道与燃气管道、氧气管道平行敷设时，中间宜有不燃物料管道隔开，或净距不小于250mm；分层敷设时，氢气管道应位于上方。

（5）丙烯腈（剧毒品）

① 应有安全联锁、紧急排放系统、独立设置的紧急停车系统（ESD）和正常及事故通风设施；

② 配备便携式可燃气体报警仪、电视监控；

③ 生产装置内使用在线氧分析仪；

④ 应有HCN浓度监测系统、便携式氢氰酸浓度检测报警仪；

⑤ 管道系统法兰应采用高等级密封法兰；

⑥ 禁止将碱性物料送到承装介质的容器或废水槽中；

⑦ 按规定添加阻聚剂，防止物料发生高温自聚而堵塞设备和管道；

⑧ 设置连续吹氮系统。

（6）环氧乙烷（致癌物）

① 作业场所的浓度必须定期测定，并及时公布于现场；

② 固定动火区必须距离生产区30m以上；

③ 充氮吹扫，所用氮气的纯度应大于98%；

④ 储罐应设置水冷却喷淋装置，并应有充足的水源提供，尽量使操作温度范围在-10～20℃；

⑤ 密封垫片应采用聚四氟乙烯材料，禁止使用石棉、橡胶材料。

（7）乙炔

① 严禁卧放使用；
② 同时使用乙炔瓶和氧气瓶时，两瓶之间的距离应超过 5m，离动火点应超过 10m。

(8) 1,3-丁二烯
① 严格控制系统氧含量；
② 要有降温措施，防止聚合。

(9) 硫酸二甲酯（致癌物，剧毒液体）
① 应有自吸过滤式防毒面具；
② 应有化学安全防护眼镜；
③ 应有胶布防毒衣、橡胶手套；
④ 作业环境应有硫酸二甲酯检测仪及防护装置。

(10) 苯胺
作业环境配备相应的苯胺检测仪及防护装置。

(11) 二硫化碳
① 容器内可用水封盖表面；
② 储存区备有泄漏应急处理设备和合适的收容材料。

(12) 碳酰氯（光气、剧毒品）
① 进入光气生产单元的人员都必须佩戴个人防护器材，围护式厂房内配备逃生防护设施，进出围护式厂房必须得到批准，携带小型光气/CO 检测仪，一旦出现警报立即撤离；
② 应严格执行剧毒化学品"双人收发，双人保管"制度；
③ 应与醇类、碱类、食用化学品分开存放，切忌混储；
④ 储存于阴凉、干燥、通风良好的库房，远离火种、热源，库房内温不宜超过 30℃；
⑤ 储罐用特殊规定的容器盛装、储存，并配稀碱、稀氨水喷淋吸收装置；
⑥ 贮槽的总贮量必须严格控制，必须使用相应的系统容量事故槽；
⑦ 贮槽应装设安全阀，在安全阀前装设爆破片，安全阀后必须接到应急破坏系统，宜在片与阀之间装超压报警器；
⑧ 由贮槽向各生产岗位输送物料不宜采用气压输送，当采用密封性能可靠的耐腐蚀泵输送时，泵的数量应降至最低；
⑨ 输送含光气的物料应采用无缝钢管，并宜采用套管；
⑩ 含光气物料管道连接应采用对焊焊接，开车之前应做气密性试验，严禁采用丝扣连接。

(13) 甲苯二异氰酸酯（剧毒品）
① 设置泄漏检测报警仪；
② 使用防爆型的通风系统和设备；

③ 配备两套以上重型防护服；
④ 压力容器和设备应设置安全阀、压力表、液位计、温度计，并应装有带压力、液位、温度远传记录和报警功能的安全装置，重点储罐需设置紧急切断装置；
⑤ 避免与氧化剂、酸类、碱类、醇类、胺类接触；
⑥ 本品容易与胺、水、醇、酸、碱发生反应，特别是与氢氧化钠和叔胺发生反应难以控制，并放出大量热；
⑦ 当桶翻倒和爆裂时，应将干沙或化学品吸收剂铺在受污染区（大面积），并将损坏的桶放入（过）大桶内，将用过的沙或化学品吸收剂收集在开口桶内做适当处理，并通过（过）大桶的排气盖排放气体，另外还要用二异氰酸酯中和液彻底清洗污染区；
⑧ 充装时使用万向节管道充装系统，严防超装；
⑨ 储存于阴凉、干燥、通风良好的不燃材料结构的库房中，防止容器受损和受潮，储存温度控制在 20~35℃，与胺类、醇、碱类和含水物品隔离储运；
⑩ 应严格执行剧毒化学品"双人收发，双人保管"制度。

（14）六氯环戊二烯（剧毒品）
① 配备便携式硫化氢报警仪；
② 充装时使用万向节管道充装系统，严防超装；
③ 储存于阴凉、干燥、通风良好的库房，远离火种、热源，保持容器密封；
④ 应与酸类、氧化剂、食用化学品分开存放，切忌混储，储存区应备有泄漏应急处理设备和合适的收容材料；
⑤ 应严格执行剧毒化学品"双人收发，双人保管"制度。

（15）氰化氢、氢氰酸（剧毒品）
① 氰化氢气体比空气略轻，发生泄漏后气体向上扩散，应注意风向和人站立的位置，巡检人员配备便携式氰化氢气体检测仪；
② 氢氰酸易聚合，工艺操作中要防止碱性物质和保持低温状态；
③ 严禁利用氢氰酸管道作电焊接地线，严禁用铁器敲击管道与阀体，以免引起火花；
④ 配备相应的固定式氰化氢检测仪及防护装置；
⑤ 作业环境应设立方向标和逃生疏散通道标志；
⑥ 储存于阴凉、干燥、通风良好的专用库房内，库房温度不宜超过 30℃；
⑦ 不可与空气接触，应与氧化剂、酸类、碱类、食用化学品分开存放，切忌混储，储存区应备有合适的材料收容泄漏物；
⑧ 储存时间不宜太长，并注意添加稳定剂；
⑨ 应严格执行剧毒化学品"双人收发，双人保管"制度。

（16）丙烯醛（2-丙烯醛）（剧毒品）

① 应与氧化剂、酸类、碱金属等分开存放，切忌混储；
② 储存区应备有泄漏应急处理设备和合适的收容材料；
③ 每天不少于两次对各储罐进行巡检，并做好记录；
④ 生产设备的清洗污水及生产车间内部地坪的冲洗水须收入应急池，经处理合格后才可排放；
⑤ 应严格执行剧毒化学品"双人收发，双人保管"制度；
⑥ 使用万向节管道充装系统，严防超装。

（17）丙酮氰醇（剧毒品）
① 避免直接接触丙酮氰醇；
② 严禁利用丙酮氰醇管道作电焊接地线，严禁用铁器敲击管道与阀体，以免引起火花；
③ 作业环境应设立风向标；
④ 供气装置的空气压缩机应置于上风侧；
⑤ 重点检测区应设置醒目的标志、丙酮氰醇检测仪、报警器及排风扇；
⑥ 在作业的场所应设置醒目的中文警示标志；
⑦ 生产设备的清洗污水及生产车间内部地坪的冲洗水须收入应急池；
⑧ 充装时使用万向节管道充装系统，严防超装；
⑨ 应严格执行剧毒化学品"双人收发，双人保管"制度；
⑩ 应与氧化剂、还原剂、酸类、碱类、食用化学品分开存放，切忌混储。

（18）氯甲酸三氯甲酯（双光气）
① 避免直接接触双光气；
② 生产车间、化验室和采样等各工作岗位的工作人员不得带未愈的伤口上岗；
③ 应与氧化剂、碱类、活性炭、食用化学品分开存放；
④ 切忌混储充装时使用万向节管道充装系统，严防超装。

（19）三氯甲烷（可疑致癌物）
① 三氯甲烷管道外壁颜色、标志应执行《工业管道的基本识别色、识别符号和安全标识》（GB 7231）的规定；
② 作业环境应设立风向标；
③ 供气装置的空气压缩机应置于年主导风向的上风向；
④ 重点检测区应设置醒目的标志、三氯甲烷检测仪、报警器及排风扇；
⑤ 三氯甲烷挥发性极强，在大量存在三氯甲烷的区域或使用三氯甲烷作业的人员应配备便携式三氯甲烷检测报警仪；
⑥ 生产设备的清洗污水及生产车间内部地坪的冲洗水须收入应急池，经处理合格后才可排放；
⑦ 储存于阴凉、干燥、通风良好的专用库房内，仓库房温度不超过 35℃，

相对湿度不超过85%；

⑧ 应与碱类、铝、食用化学品分开存放，切忌混储。

2. 固体毒害品

（1）氰化钠（剧毒品）

① 应有泄漏检测报警仪；

② 配备两套以上重型防护服；

③ 应有过滤式防尘呼吸器、连衣式防毒衣、橡胶手套；

④ 应有安全警示标志；

⑤ 配备便携式氰化氢气体检测仪；

⑥ 配备洗眼器、喷淋装置，检查淋浴和洗眼设备是否完好、有效，保护距离是否在有效范围内；

⑦ 应有急救药品和相应滤毒器材、正压自给式空气呼吸器、防尘器材、防溅面罩、防护眼镜和耐碱的胶皮手套等防护用品。

（2）苯酚

① 应有化学安全防护眼镜；

② 应有透气型防毒服，戴防化学品手套；

③ 紧急事态抢救或撤离时，应该佩戴自给式呼吸器；

④ 应有淋浴和洗眼设备，检查淋浴和洗眼设备是否完好、有效，保护距离是否在有效范围内。

（3）硝基苯

① 储罐等容器和设备应设置液位计、温度计，并应装有带液位、温度远传记录和报警功能的安全装置；

② 应有安全警示标志。

3. 腐蚀品

（1）二氧化硫

① 应有二氧化硫泄漏检测报警仪；

② 配备两套以上重型防护服，空气中浓度超标时操作人员应佩戴自吸过滤式防毒面具（全面罩）；

③ 储罐等压力容器和设备应设置安全阀、压力表、液位计、温度计，并应装有带压力、液位、温度远传记录和报警功能的安全装置、联锁装置；

④ 应有紧急切断装置；

⑤ 配置便携式二氧化硫浓度检测报警仪。

（2）氟化氢、氢氟酸

① 冲淋和洗眼器应完好、有效，保护距离应在有效范围内；

② 配置氟化氢有毒气体检测报警仪；

③ 配备两套以上重型防护服，穿橡胶耐酸碱服，戴橡胶耐酸碱手套，工作

场所浓度超标的操作人员应该佩戴自吸过滤式防毒面具;

④ 储罐等压力容器和设备应设置安全阀、压力表、液位计、温度计,并应装有带压力、液位、温度远传记录和报警功能的安全装置;

⑤ 应有紧急切断装置;

⑥ 储存时间不宜太长,并注意添加稳定剂。

(3) 三氯化磷、四氯化钛

① 应有安全淋浴和洗眼设备,检查淋浴和洗眼设备是否完好、有效,保护距离是否在有效范围内;

② 配备两套以上重型防护服,戴化学安全防护眼镜,穿橡胶耐酸碱服,戴橡胶耐酸碱手套;

③ 储罐等容器和设备应设置液位计、温度计,并应装有带液位、温度远传记录和报警功能的安全装置,重点储罐需设置紧急切断装置;

④ 安全警示标志。

4. 有机过氧化物:过氧乙酸

① 避免直接接触过氧乙酸,操作人员应佩戴必要的防护用品;

② 应与还原剂、碱类、金属盐类分开存放,切忌混储;

③ 应专库储存,专人保管,储存于有冷藏装置、通风良好、散热良好的不燃结构的库房内;

④ 注意储存的量不宜过大,尤其要注意储存时应该采用塑料容器,而不能用玻璃瓶等膨胀性较差的容器储存过氧乙酸;

⑤ 储存过氧乙酸的容器应当留有不少于5%的空隙,防止液体蒸发膨胀造成容器爆裂,严禁使用铁器或铝器等金属容器盛装存放;

⑥ 新采购或刚经过运输的过氧乙酸不宜立即使用,应当静置至少30min以上。

5. 氧化剂:硝酸铵

① 禁止将油和氯离子带入硝酸铵溶液系统;

② 防止熔融液喷溅到人体上,会导致接触部位严重烧伤;

③ 必须定期地将机械上(尤其转动与擦油部分)所沉积的硝酸铵和油等除去;

④ 应与易(可)燃物、还原剂、酸类、活性金属粉末分开存放,切忌混储;

⑤ 储存区应备有合适的材料收容泄漏物,禁止震动、撞击和摩擦。

第三部分 化工安全操作要点

一、化工安全操作基础

欲实现化工单元安全操作，岗位（班组）职工至少首先应把握好如下的应知应会要点。

1. 本岗位、本班组物料的理化性能，以及受到冲击或发生异常反应时可能产生的后果与紧急处理措施。

2. 本岗位、本班组的物料毒性与作业场所的最高允许浓度，以及为防止其超标应采取的安全技术措施。

3. 本岗位、本班组原材料和燃料的技术规格、要求，混入其他杂质后可能导致的后果及其处理措施。

4. 作业现场可能潜伏的粉尘爆炸性危险及其预防和处理措施。

5. 本岗位作业场所及其附近有哪些无法移去的可燃性物质，生产中为防止其燃烧应采取的预防措施。

6. 生产过程中可能产生的各种危险性副产物，以及为防止其产生应采取的预防措施。

7. 连续化生产中，一种或一种以上的原料无法及时进入反应装置时可能导致的后果及其预防或补救措施。

8. 各种物料（原材料、产品、半成品）储存过程中的稳定性如何，是否会出现自燃、自聚或自身分解现象，为杜绝上述现象需要采取的预防或补救措施。

9. 作业现场目前设置的防尘、防毒、防爆或消防设施，这些设施的日常维护和使用要点。

10. 误操作时可能潜伏的各种危险，工艺指标接近既定的上下限时可能导致的各种后果，以及为防止上述现象的出现应采取的预防或处理措施。

11. 生产系统运行异常时可能产生的可燃或可爆性混合物，懂得如何预防或紧急处理。

12. 对接近闪点的操作应采取的防范措施。

13. 正常状态或异常状态下的反应速度，熟悉防止异常温度、异常压力、异常反应、混入杂质、流动阻塞、跑冒滴漏等异常现象的出现，发现上述现象后需要采取的紧急处理措施。

14. 风机、泵、搅拌器等各种转动设备发生故障时可能导致的后果，其预防和紧急处理措施。

15. 运行中的设备或管道堵塞时会导致的后果、预防或紧急处理措施。

16. 生产系统外部发生火灾时，装置内部处于何种危险状态，如何紧急处理。

17. 本岗位各种设备的安全装置，其维护要点是什么。

18. 岗位上的玻璃视镜、玻璃液面计、各种法兰连接处及其他装置的破损或连接不紧密时将会泄漏出何种物料，其紧急处理措施有哪些。

19. 生产中的各种液位计、指示仪表、记录装置等仪器仪表在显示或记录不准确时将会导致何种后果，其预防、改进或紧急处理措施有哪些。

20. 生产系统中的部分仪器仪表发生故障时，如何确保生产系统继续安全平稳运行。

21. 本班组、本岗位各种事故预案的要点，各种事故预案在何种情况下实施及其具体实施程序。

二、生产岗位安全操作要点

1. 必须严格执行工艺技术规程，遵守工艺纪律，做到"平稳运行"。
2. 必须严格执行安全操作规程。
3. 控制溢料和漏料，严防"跑、冒、滴、漏"。
4. 不得随便拆除安全附件和安全联锁装置，不准随意切断声、光报警等信号。
5. 正确穿戴和使用个体防护用品。

三、开车安全操作要点

1. 正常开车应严格执行岗位操作规程。
2. 较大系统开车必须编制开车方案（包括应急事故救援预案），并严格执行。
3. 开车方案经过认证，有相关手续。
4. 开车前应严格下列各检查：
（1）确认水、电、汽（气）符合开车要求，各种原料、材料、辅助材料的供应齐备；检查自动控制能否正常运行，工艺参数应在规定范围内。
（2）阀门开闭状态及盲板抽堵情况，自动和手动阀门是否要求的状态，保证装置流程畅通，各种机电设备及电器仪表等均处于完好状态。
（3）保温、保压及清洗的设备要符合开车要求，必要时应重新置换、清洗和分析，使之合格。

(4) 确保安全、消防设施完好，通讯联络畅通，并通知消防、医疗卫生等有关部门。

(5) 各项检查合格后，按规定办理开车操作票。投料前必须进行分析验证。

(6) 加热、冷却、通风、氮气置换等系统无故障；检查设备的清洗置换情况。

5. 危险性较大的生产装置开车，相关部门人员应到现场。消防车、救护车处于备防状态。

6. 开车过程中应严格按开车方案中的步骤进行，严格遵守升降温、升降压和加减负荷的幅度（速率）要求。

7. 开车过程中要严密注意工艺的变化和设备的运行，发现异常现象应及时处理，紧急时应终止开车，严禁强行开车。

8. 开车过程中应保持与有关岗位和部门之间的联络。

9. 必要时停止一切检修作业，无关人员不准进入开车现场。

四、停车安全操作要点

1. 正常停车按岗位操作规程执行。

2. 较大系统停车必须编制停车方案，并严格按停车方案中的步骤进行。

3. 系统降压、降温必须按要求的幅度（速率），并按先高压、后低压的顺序进行。凡须保温、保压的设备（容器），停车后要按时记录压力、温度的变化。

4. 大型传动设备的停车，必须先停主机、后停辅机。

5. 设备（容器）卸压时，应对周围环境进行检查确认，要注意易燃、易爆、有毒等危险化学物品的排放和扩散，防止造成事故。

6. 冬季停车后，要采取防冻保温措施，注意低位、死角及水、蒸汽管线、阀门、流水器和保温伴管的情况，防止冻坏设备。

五、紧急处理要点

1. 发现或发生紧急情况，必须先尽最大努力妥善处理，防止事态扩大，避免人员伤亡，并及时向有关方面报告。

2. 工艺及机电设备等发生异常情况时，应迅速采取措施，并通知有关岗位协调处理。必要时，按步骤紧急停车。

3. 发生停电、停水、停气（汽）时，必须采取措施，防止系统超温、超压、跑料及机电设备的损坏。

4. 发生爆炸、着火、大量泄漏等事故时，应首先切断气（物料）源，同时迅速通知相关岗位采取措施，并立即向上级报告。

六、典型操作单元安全要点

（一）物料输送安全操作要点

1. 固体物料的运输

A. 皮带输送机

主要危险：机械伤害、触电、粉尘。

（1）皮带输送机应空载启动，等运转正常后方可入料，禁止先入料后开车。停车前必须先停止入料，等皮带上存料卸尽方可停车。

（2）头架和尾架的主动轮和被动轮是较易产生事故的危险点，因此需在这些部位装防护网。

（3）架设在走道平台上的皮带输送机应设置防护栏，高度不低于1050mm。人行道与输送机的间隔宽度不小于600mm。横穿皮带机的人行便道应设过道"桥"。

（4）对其扬尘点应设置通风除尘装置。

（5）电动机接线应套上金属保护管。电器箱门应完整，关闭严密，压紧螺丝应齐全并坚固，所有电器零件及接线端不应松动。

（6）操纵盒（台）及按钮应完好，按钮的色标清晰。

（7）保护接地（零）线应有足够的强度和截面。

（8）齿轮箱应无渗漏现象，油位应在油标尺的规定范围之内。

（9）齿轮箱与电动机、主动轮的连接应牢固，运行平稳、可靠，连接处应有防护罩。

（10）主动轮、从动轮、托轮、挡轮等均应齐全、无裂纹、转动灵活、可靠、无卡阻现象。

（11）输送带应无裂纹和老化现象，并有足够的强度。

（12）张紧装置应完好，而且便于调节。

（13）头架、中间架、尾架结构完好，无裂纹等缺陷。

（14）输送带上禁止行人或乘人。

（15）皮带输送机运行中禁止加油、修理和打扫卫生。

（16）皮带打滑时严禁用手去拉动皮带，以免发生事故。校正皮带位置和松紧时，必须停车。

（17）皮带输送机不得超负荷运行。

B. 气力输送

主要危险：粉尘、粉尘爆炸。

（1）有粉尘爆炸危险的输送气流尽可能选用惰性气体。

（2）输送管应密闭无泄漏，对其扬尘点应设置通风除尘装置。

(3) 输送有粉尘爆炸危险的物料，输送管、设备应选用导电性较好的材料，并应有良好的接地。

(4) 使用空气（或惰性气体）定期吹扫管壁，防止物料在管内堆积。

(5) 电器设备必须绝缘良好。电动机要可靠接地。

2. 液体物料的输送

(1) 输送易燃液体宜采用蒸汽往复泵。如采用离心泵，则泵的叶轮应用有色金属制造，以防撞击产生火花。设备和管道均应有良好的接地，以防静电引起火灾。应优先选择采用虹吸和自流的输送方法。

(2) 禁止采用压缩空气压送易燃液体。

(3) 临时输送可燃液体的泵和管道（胶管）连接处必须紧密、牢固，以免输送过程中管道受压脱落漏料而引起火灾。

(4) 用各种泵类输送可燃液体时，其管道内流速不应超过安全速度，而且管道应有可靠的接地措施，以防静电聚集。同时应避免吸入口产生负压，以防空气进入系统，导致爆炸或抽瘪设备。

(5) 输送酸性液体和悬浮液时，应选用隔膜往复泵较为安全。

3. 气体物料的输送

(1) 输送液化可燃气体宜采用液环泵。

(2) 在抽送或压送可燃气体时，进气入口应该保持一定余压，以免造成负压，吸入空气，形成爆炸性混合物。

(3) 压缩机汽缸、储气罐以及输送管路要有足够的强度。

(4) 应安装经核验准确可靠的压力表和安全阀（或爆破片）。

(5) 安全阀泄压应将危险气体导至安全的地点。

(6) 压缩机在运行中不能中断润滑油和冷却水，并应注意冷却水不能进入汽缸，以防发生水锤。

(7) 应注意经常检查，及时换修气体抽送、压缩设备上的垫圈，以防漏气。

(8) 压送特殊气体的压缩机，应根据所压送气体物料的化学性质采取相应的防火措施。乙炔压缩机同乙炔接触的部件不允许用铜制造。

(9) 可燃气体的管道应经常保持正压，并根据实际需要安装逆止阀、水封和阻火器等安全装置，管内流速不应过高。管道应有良好的接地装置。

(10) 可燃气体和易燃蒸气的抽送、压缩设备的电机部分应为符合防爆等级要求的电气设备，或应穿墙隔离设置。

(11) 输送可燃气体的管道着火时，应及时采取灭火措施。管径在150mm以下的管道，应直接关闭闸阀熄火；管径在150mm以上的管道不可直接关闭闸阀熄火，应采取逐渐降低气压、通入大量水蒸气或氮气灭火的措施，但气体压力不得低于50~100Pa，严禁突然关闭闸阀或水封，以防回火爆炸。当着火管道被烧红时，不得用水骤然冷却。

(二) 传热单元安全操作要点

1. 加热单元

(1) 加热反应必须严格控制温度。应明确规定和严格控制升温上限和升温速度。

(2) 对温度容易猛升并有冲料危险的化学反应，反应设备应该有冷却装置和紧急放料装置。紧急放料装置应设泄压爆破片，周围应禁止火源。

(3) 加热温度如果接近或超过物料的自燃点，应采用氮气保护。

(4) 采用硝酸盐、亚硝酸盐等无机盐作加热载体时，要预防与有机可燃物接触。

(5) 与水会发生反应的物料，不宜采用水蒸气或热水加热。当采用水蒸气或热水加热时，应定期检查蒸汽夹套和管道的耐压强度，并应安装压力表和安全阀。

(6) 采用充油夹套加热时，加热炉门与反应设备应用砖墙隔绝，或将加热炉设于车间外面。油循环系统应严格密闭，防止热油泄漏。

(7) 电加热器安全措施。加热易燃物质以及受热能挥发的可燃性气体或蒸气的物质应采用密闭式电加热器；电加热器不能安装在易燃物质附近；导线的负荷能力应满足加热器的要求；为了提高电加热设备的安全可靠性，可采用防潮、防腐蚀、耐高温的绝缘层，增加绝缘层的厚度，增加绝缘保护层等措施；电感应线圈应密封起来，防止与可燃物接触；电加热器的电炉丝与被加热设备的器壁之间应有良好的绝缘，以防短路引起电火花，将器壁击穿，使设备内的易燃物质或漏出的气体和蒸气发生燃烧或爆炸；工业上用的电加热器，在任何情况下都要设置单独的电路，并要安装适合的熔断器。

2. 管壳式换热器

A. 管程介质

(1) 除 U 形管换热器外，容易结垢和有腐蚀性介质的应走管程，以便于清洗和检修。

(2) 有毒的流体宜走管程，使泄漏机会减少。

(3) 与环境温度相比，一般温度或温度很低的流体宜走管程，以减少能量损失，降低对壳体的材质要求。

(4) 压力高的流体宜走管程，可降低换热器外壳的强度要求。

B. 壳程介质

(1) 饱和蒸汽宜走壳程，有利于蒸汽凝液的排出，而且蒸汽较洁净，以免污染壳程。

(2) 被冷却的流体宜走壳程，以便于散热，增强冷却效果。

(3) 若两流体温差较大，对流传热系数大的流体宜走壳程，以减小管壁和壳壁的温差。

C. 介质流向

(1) 换热器进出口通常给出介质的流向，一般冷流体下进上出，热流体上进下出。一旦发生故障，热介质首先撤出对设备有利。

(2) 使用蒸汽作热源时（冷凝），蒸汽宜从上部引入，凝液应从下部排出。这样调节换热器里的凝液液位，就可改变传热面积，控制加热量。

(3) 若换热的两个介质都是液体，采用逆流比顺流有利。因为在其他条件相同的情况下，逆流的温差大，对传热有利。

(4) 若换热器壳侧的设计压力比管侧的设计压力低，而且满足下列条件：①换热器低压侧设计压力≤2/3高压侧操作压力；②换热器高压侧操作压力＞7MPa，或者低压侧的介质是能闪蒸的液体或含有蒸汽、会汽化的液体。那么换热器的低压侧就应该设置安全阀，而且设计安全阀时安全阀的排放介质应取高压侧的液体。

D. 操作控制安全要点

(1) 冷却剂与水蒸气的冷凝器出口配备一个凝液罐，操作控制凝液器更方便，并使传热更好。

(2) 发生相变的换热器在汽化或冷凝侧，通常设置玻璃液位计及液位控制（多在凝液罐上）。

(3) 换热器冷却水出口侧应设温度计，以便于调节冷却水流量，控制冷却水出口温度不至于过高而结垢。被冷却或加热的工艺介质的出口也应设温度测量点，以便控制物料的加热（冷却）温度。

(4) 规格大小完全一样的换热器并联使用，上管板应与塔釜稳定时的控制液面相等。

E. 泄压与放净

(1) 对换热器在阀门关闭后可能由于热膨胀或液体蒸发造成压力太高的地方，应设泄压阀。

(2) 换热器的管侧、壳侧根据需要应设置放空阀及排净阀，必要时排往特定的容器加以收集。

(3) 若换热器某一侧有液液多相，应设集液槽加以分离，必要时还应加界面观测及界面控制系统。

(4) 水冷却器和水冷凝器的管道上可设置一供水、回水管的防冻旁通，并在上水管切断阀后及回水管切断阀前靠近换热器的一侧各设一放净阀。

F. 其他

(1) 串联换热器宜用重叠式布置，以减少压降并节省投资与占地，但叠放不应超过三个。

(2) 低传热系统、小温差且干净的介质，选用换热器单侧或双侧强化的高通量换热器，效果更显著。

(3) 当列管式换热器壳侧走有冷凝的气体时，若换热器设有挡板，挡板的设计应让冷凝液畅通流过。

（三）制冷单元安全操作要点

1. 冷却（凝）及冷冻过程的危险控制要点

（1）应根据被冷却物料的温度、压力、理化性质以及所要求冷却的工艺条件，正确选用冷却设备和冷却剂。忌水物料的冷却不宜采用水作冷却剂，必需时应采取特别措施。

（2）应严格注意冷却设备的密闭性，防止物料进入冷却剂中或冷却剂进入物料中。

（3）冷却操作过程中冷却介质不能中断，否则会造成积热，使反应异常，系统温度、压力升高，引起火灾或爆炸，因此冷却介质温度控制应采用自动调节装置。

（4）开车前，首先应清除冷凝器中的积液；开车时，应先通入冷却介质，然后通入高温物料；停车时，应先停物料，后停冷却系统。

（5）为保证不凝可燃气体安全排空，可充氮进行保护。

（6）高凝固点物料冷却后易变得黏稠或凝固，在冷却时要注意控制温度，防止物料卡住搅拌器或堵塞设备及管道。

2. 冷冻过程的安全措施

（1）对于制冷系统的压缩机、冷凝器、蒸发器以及管路系统，应注意耐压等级和气密性，防止设备、管路产生裂纹、泄漏。

（2）应加强压力表、安全阀等的检查和维护。

（3）低温部分应注意其低温材质的选择，防止低温脆裂发生。

（4）当制冷系统发生事故或紧急停车时，应注意被冷冻物料的排空处置。

（5）使用氨压缩机，应采用不发火花的电气设备；压缩机应选用低温下不冻结且不与制冷剂发生化学反应的润滑油，而且油分离器应设在室外。

（6）应注意冷载体盐水系统的防腐蚀。

（四）蒸发与蒸馏单元安全操作要点

1. 蒸发过程安全运行操作

（1）蒸发器的选择应考虑蒸发溶液的性质，如溶液的黏度、发泡性、腐蚀性、热敏性，以及是否容易结垢、结晶等情况。

（2）为了提高蒸发器的生产能力，应提高加热蒸汽压力和降低冷凝器中二次蒸汽压力，有助于提高传热温度差。

（3）提高传热效果：

① 应定期停车清洗、除垢；

② 应积极改进蒸发器的结构，如把蒸发器的加热管加工光滑一些，使污垢不易产生，及时生成也易清洗，这就可以提高溶液循环的速度，从而降低污垢生成的速度；

③ 应提高溶液的循环速度和湍动程度,从而提高蒸发器的蒸发能力。

(4) 在操作中,必须密切注意蒸发器内液面的高低,以提高蒸发器的传热量。

2. 蒸馏过程安全运行操作

(1) 常压蒸馏

① 在常压蒸馏中,对于易燃液体的蒸馏禁止采用明火作为热源,一般采用蒸汽或过热水蒸气加热较为安全。

② 对于腐蚀液体的蒸馏,选择防腐耐温高强度材料,以防止塔壁、塔盘腐蚀泄漏,导致燃烧、爆炸、灼伤等危险。

③ 对于自燃点很低的液体蒸馏,应注意蒸馏系统的密闭,以防止因高温泄漏遇空气自燃。

④ 蒸馏高沸点物料时,应防止产生自燃点很低的树脂油状物遇空气自燃。同时应防止蒸干,使残渣转化为结垢,从而引起局部过热而燃烧、爆炸。油焦和残渣应经常清除。

⑤ 高温的蒸馏系统应防止因设备损坏使冷却水进塔,水迅速汽化,导致塔内压力突然增高,将物料冲出或发生爆炸。在开车前应对换热器试压,并将塔内和管道内的水放尽。

⑥ 冷凝器中的冷却水或冷冻盐水不能中断。

⑦ 应注意防止凝固点较高的物质凝结,堵塞管道。

(2) 减压蒸馏(真空蒸馏)

① 真空蒸馏系统的密闭性是非常重要的,否则吸入空气,与塔内易燃气混合,形成爆炸性混合物,就有引起爆炸或者燃烧的危险。

② 当易燃易爆物质蒸发完毕,应充入氮气后再停止真空泵,以防止空气进入系统,引起燃烧或爆炸危险。

③ 真空泵应安装单向阀,以防止突然停泵而使空气倒灌进入设备。

④ 真空蒸馏操作时应先开冷却器进水阀,然后开真空进气阀,最后打开蒸汽阀门。

⑤ 真空蒸馏易燃物质的排气管应连接排气系统或室外高空排放,管道上要安装阻火器。

(3) 加压蒸馏

① 设备应严格进行气密性和耐压试验。

② 应安装安全阀和温度、压力的调节控制装置,严格控制蒸馏温度与压力。

③ 在石油产品的蒸馏中,应将安全阀的排气管与火炬系统相接,安全阀起跳即可将物料排入火炬烧掉。

④ 在蒸馏易燃液体时,应注意系统的静电消除。

⑤ 室外蒸馏塔应安装可靠的避雷装置。

⑥ 蒸馏设备应经常检查、维修,认真做好开车前、开车后的系统清洗、置

换工作,以避免发生事故。对易燃易爆物质的蒸馏,厂房要符合防爆要求,有足够的泄压面积,室内电机、照明等电器设备均应采用防爆产品。

(五)结晶单元安全操作要点

1. 当结晶设备内存在易燃液体蒸气和空气的爆炸性混合物时,要防止产生静电,以避免火灾和爆炸事故的发生。

2. 避免搅拌轴的填料函漏油。例如硝化反应时,反应器内有浓硝酸,如有润滑油漏入,则油在浓硝酸的作用下氧化发热,使反应物料温度升高,可能发生冲料和燃烧爆炸。当反应器内有强氧化剂存在时,也有类似危险。

3. 对于危险易燃物料不得中途停止搅拌。因为搅拌停止时,物料不能充分混匀,反应不良,而且大量积聚;当搅拌恢复时,大量未反应的物料迅速混合,反应剧烈,往往造成冲料,有燃烧、爆炸危险。如因故障导致搅拌停止时,应立即停止加料,迅速冷却;恢复搅拌时,必须待温度平稳、反应正常后方可续加料,恢复正常操作。

4. 搅拌器应定期维修,严防搅拌器断落造成物料混合不匀,最后突然反应而发生猛烈冲料,甚至爆炸起火。搅拌器应灵活,防止卡死,引起电动机温升过高而起火。搅拌器应有足够的机械强度,以防止因变形而与反应器器壁摩擦,造成事故。

(六)气体吸收单元安全操作要点

气体吸收过程中,气液逆流接触,吸收剂在高速流动中会大量汽化扩散,产生静电,有导致静电火花的危险。

1. 应控制吸收剂的流量和组成。
2. 应在设计限度内控制入口气流,检测其组成。
3. 应控制出口气的组成。
4. 应选择适于与溶质和吸收剂的混合物接触的材料。
5. 应在进气口流速、组成、温度和压力的设计条件下操作。
6. 应避免吸收剂蒸气排出。
7. 防止气相中溶质载荷的突增、液体流速的波动等异常情况,应采用自动报警装置。

(七)干燥单元安全操作要点

1. 当干燥物料中含有自燃点很低或含有其他有害杂质时必须在烘干前彻底清除掉,干燥室内也不得放置容易自燃的物质。

2. 干燥室与生产车间应用防火墙隔绝,并安装良好的通风设备,电气设备应防爆或将开关安装在室外。在干燥室或干燥箱内操作时,应防止可燃的干燥物直接接触热源,以避免引起燃烧。

3. 干燥易燃易爆物质,应采用蒸汽加热的真空干燥箱,当烘干结束后去除真空时一定要等到温度降低后才能放进空气;对易燃易爆物质采用流速较大的热空气干燥时，排气用的设备和电动机应采用防爆的；在用电烘箱烘烤能够蒸发易燃蒸气的物质时，电炉丝应完全封闭，箱上应加防爆门；利用烟道气直接加热可燃物时，在滚筒或干燥器上应安装防爆片，以防烟道气混入一氧化碳而引起爆炸。

4. 间歇式干燥，物料大部分靠人力输送，热源采用热空气自然循环或鼓风机强制循环，温度较难控制，易造成局部过热，引起物料分解，造成火灾或爆炸，因此在干燥过程中应严格控制温度。

5. 在采用洞道式、滚筒式干燥器干燥时，主要是防止机械伤害。在气流干燥、喷雾干燥、沸腾床干燥以及滚筒式干燥中，多以烟道气、热空气为干燥热源。

6. 干燥过程中所产生的易燃气体和粉尘同空气混合易达到爆炸极限。在气流干燥中，物料由于迅速运动，相互激烈碰撞、摩擦，易产生静电；滚筒干燥过程中，刮刀有时和滚筒壁摩擦，产生火花，因此，应该严格控制干燥气流风速，并将设备接地；对于滚筒干燥，应适当调整刮刀与筒壁间隙，并将刮刀牢牢固定，或采用有色金属材料制造刮刀，以防产生火花。用烟道气加热的滚筒式干燥器，应注意加热均匀，不可断料，滚筒不可中途停止运转。斗口有断料或停转，应切断烟道气并通氮。干燥设备上应安装爆破片。

(八) 筛分与过滤单元安全操作要点

1. 在筛分可燃物时，应采取防碰撞打火和消除静电措施，防止因碰撞和静电引起粉尘爆炸和火灾事故。

2. 若加压过滤时能散发易燃、易爆、有害气体，则应采用密闭过滤机，并应用压缩空气或惰性气体保持压力。取滤渣时，应先释放压力。

3. 在存在火灾、爆炸危险的工艺中，不宜采用离心过滤机，宜采用转鼓式或带式等真空过滤机。如必须采用离心过滤机时，应严格控制电机安装质量，安装限速装置。注意不要选择临界速度操作。

4. 离心过滤机应注意选材和焊接质量，转鼓、外壳、盖子及底座等应用韧性金属制造。操作离心过滤机时应检查：

(1) 机体、端盖未变形。

(2) 端盖上不得有杂物。

(3) 离心机必须水平。

(4) 操作按钮上不得有料。

(5) 焊接部位不得开裂。

(6) 机组运行时无异常声响。

(7) 离心机不得异常振动。

(8) 电机皮带必须松紧合适。

(9) 端盖密封垫应完好。

(10) 不得有跑冒滴漏现象。

(11) 静电跨接应完好。

第四部分 危险作业安全要点

一、动火作业安全要点

（一）动火作业安全基本要求

1. 动火作业应办理《动火安全作业证》（简称《作业证》），进入受限空间、高处等进行动火作业时还须满足相关要求。签发《作业证》前，应到现场检查动火作业等级是否符合规定，安全措施、应急措施和监护人员是否到位。

2. 动火作业应有专人监火，动火作业前应清除动火现场及周围的易燃物品，或采取其他有效的安全防火措施，配备足够适用的消防器材。动火作业过程中，应检查动火作业者、监护人员等与《动火证》上所列是否一致，同时还应检查动火证是否过期。

3. 凡在盛有或盛过危险化学品的容器、设备、管道等生产、储存装置及处于甲、乙类区域的生产设备上动火作业，应将其与生产系统彻底隔离，并进行清洗、置换，取样分析合格后方可动火作业；因条件限制无法进行清洗、置换而确需动火作业时，按"特殊动火作业的安全防火要求"规定执行。

4. 凡处于甲、乙类区域的动火作业，地面如有可燃物、空洞、窨井、地沟、水封等，应检查分析，距火点15m以内的应采取清理或封盖等措施；对于用火点周围有可能泄漏易燃、可燃物料的设备，应采取有效的空间隔离措施。

5. 拆除管线的动火作业，应先查明其内部介质及其走向，并制订相应的安全防火措施。

6. 在生产、使用、储存氧气的设备上进行动火作业，氧含量不得超过21％。

7. 五级风以上（含五级风）天气，原则上禁止露天动火作业。因生产需要确需动火作业时，动火作业应升级管理。

8. 在铁路沿线（25m以内）进行动火作业时，遇装有危险化学品的火车通过或停留时，应立即停止作业。

9. 凡在有可燃物构件的凉水塔、脱气塔、水洗塔等内部进行动火作业时，应采取防火隔绝措施。

10. 动火时距动火点30m内不得排放各类可燃气体；距动火点15m内不得排放各类可燃液体；不得在动火点10m范围内及用火点下方同时进行可燃溶剂清洗或喷漆等作业。

11. 动火作业前，应检查电焊、气焊、手持电动工具等动火工器具本身安全程度，保证安全可靠。

12. 使用气焊、气割动火作业时，乙炔瓶应直立放置；氧气瓶与乙炔气瓶间距不应小于5m，二者与动火作业地点不应小于10m，并不得在烈日下曝晒。

13. 动火作业完毕，动火人和监火人以及参与动火作业的人员应清理现场，监火人确认无残留火种后方可离开。

（二）特殊动火作业安全要求

特殊动火作业在符合"（一）动火作业安全基本要求"的同时，还应符合以下规定：

1. 在生产不稳定的情况下不得进行带压不置换动火作业。

2. 应事先制定安全施工方案，落实安全防火措施，必要时可请专职消防队到现场监护。

3. 动火作业前，生产车间（分厂）应通知工厂生产调度部门及有关单位，使之在异常情况下能及时采取相应的应急措施。

4. 动火作业过程中，应使系统保持正压，严禁负压动火作业。

5. 动火作业现场的通排风应良好，以便使泄漏的气体能顺畅排走。

（三）动火分析及合格标准

1. 动火作业前应进行安全分析，动火分析的取样点要有代表性。

2. 在较大的设备内动火作业，应采取上、中、下取样；在较长的物料管线上动火作业，应在彻底隔绝区域内分段取样；在设备外部动火作业，应进行环境分析，而且分析范围不小于动火点10m。

3. 取样与动火间隔不得超过30min，如超过此间隔或动火作业中断时间超过30min，应重新取样分析。特殊动火作业期间还应随时进行监测。

4. 使用便携式可燃气体检测仪或其他类似手段进行分析时，检测设备应经标准气体样品标定合格。

5. 动火分析合格判定：当被测气体或蒸气的爆炸下限大于等于4%时，其被测浓度应不大于0.5%（体积分数）；当被测气体或蒸气的爆炸下限小于4%时，其被测浓度应不大于0.2%（体积分数）。

二、动土作业安全要点

1. 动土作业应办理《动土安全作业证》（简称《作业证》）。

2. 《作业证》经单位有关水、电、汽、工艺、设备、消防、安全、工程等部门会签，由单位动土作业主管部门审批。尤其重要的是，必须认真检查动土区域内是否有天然气及其他可燃气体等管道。原则上不得在危险化学品地下管道周围动土，如必须动土，必须切断管道内介质，并将管道吹扫合格，并采取必要的安全防护措施后方可进行。

3. 作业前,项目负责人应对作业人员进行安全教育。作业人员应按规定着装并佩戴合适的个体防护用品。施工单位应进行施工现场危害辨识,并逐条落实安全措施。

4. 作业前,应检查工具,现场支撑应牢固、完好,发现问题应及时处理。

5. 动土作业施工现场应根据需要设置护栏、盖板和警示标志,夜间应悬挂红灯示警。

6. 严禁涂改、转借《作业证》,不得擅自变更动土作业内容、扩大作业范围或转移作业地点。

7. 动土临近地下隐蔽设施时,应使用适当工具挖掘,以避免损坏地下隐蔽设施。

8. 动土中如暴露出电缆、管线以及不能辨认的物品时,应立即停止作业,妥善加以保护,报告动土审批单位处理,经采取措施后方可继续动土作业。

9. 挖掘坑、槽、井、沟等作业,应遵守下列规定:

(1) 挖掘土方应自上而下进行,不准采用挖底脚的办法挖掘,挖出的土石严禁堵塞下水道和窨井。

(2) 在挖较深的坑、槽、井、沟时,严禁在土壁上挖洞攀登。作业时应戴安全帽。坑、槽、井、沟上端边沿不准人员站立、行走。

(3) 要视土壤性质、湿度和挖掘深度设置安全边坡或固壁支撑。挖出的泥土堆放处所和堆放的材料至少应距坑、槽、井、沟边沿 0.8m,高度不得超过 1.5m。对坑、槽、井、沟边坡或固壁支撑架应随时检查,特别是雨雪后和解冻时期,如发现边坡有裂缝、松疏或支撑有折断、走位等异常危险征兆,应立即停止工作,并采取可靠的安全措施。

(4) 在坑、槽、井、沟的边缘安放机械、铺设轨道及通行车辆时,应保持适当距离,采取有效的固壁措施,确保安全。

(5) 在拆除固壁支撑时,应从下而上进行。更换支撑时,应先装新的、后拆旧的。

(6) 作业现场应保持通风良好,并对可能存在有毒有害物质的区域进行监测。发现有毒有害气体时,应立即停止作业,待采取了可靠的安全措施后方可作业。

(7) 所有人员不准在坑、槽、井、沟内休息。

10. 作业人员多人同时挖土应相距在 2m 以上,以防止工具伤人。作业人员发现异常时,应立即撤离作业现场。

11. 在危险场所动土时,应有专业人员现场监护。当所在生产区域发生突然排放有害物质时,现场监护人员应立即通知动土作业人员停止作业,迅速撤离现场,并采取必要的应急措施。

12. 动土作业涉及临时用电时，应符合《用电安全导则》和《施工现场临时用电安全技术规范》的有关要求。

13. 施工结束后应及时回填土，并恢复地面设施。

三、吊装作业安全要点

需要说明的是：如为冶金起重，应按冶金作业的相关安全要求进行。

（一）吊装作业安全管理基本要求

1. 应对吊装机具进行日检、月检、年检。

2. 吊装作业人员（指挥人员、起重工）应持有有效的《特种作业人员操作证》。

3. 吊装质量大于等于40t的重物和土建工程主体结构，应编制吊装作业方案。吊装物体虽不足40t，但形状复杂、刚度小、长径比大、精密贵重，以及在作业条件特殊的情况下，也应编制吊装作业方案、施工安全措施和应急救援预案。

4. 吊装作业方案、施工安全措施和应急救援预案经作业主管部门和相关管理部门审查，报主管安全负责人批准后方可实施。

（二）作业前的安全检查

1. 相关部门应对从事指挥和操作的人员进行资质确认。资质确认包括：吊装作业设备必须经特种设备检测部门检测合格，并在有效期范围内；起重机司机、指挥人员、挂钩工是否有特种设备作业证，并在有效期范围内。

2. 相关部门进行有关安全事项的研究和讨论，对安全措施落实情况进行确认。

3. 实施吊装作业单位的有关人员应对起重吊装机械和吊具进行安全检查确认，确保处于完好状态。

4. 实施吊装作业单位使用汽车吊装机械，要确认安装有汽车防火罩。

5. 实施吊装作业单位的有关人员应对吊装区域内的安全状况进行检查（包括吊装区域的划定、标识、障碍）。警戒区域及吊装现场应设置安全警示标志，并设专人监护，非作业人员禁止入内。

6. 实施吊装作业单位的有关人员应在施工现场核实天气情况。室外作业遇到大雪、暴雨、大雾及六级以上大风时，不应安排吊装作业。

（三）作业中安全措施

1. 应明确指挥人员，指挥人员应佩戴明显的标志；应佩戴安全帽。

2. 应分工明确、坚守岗位，并按规定的联络信号统一指挥。指挥人员按信号进行指挥，其他人员应清楚吊装方案和指挥信号。

3. 正式起吊前应进行试吊，试吊中检查全部机具、地锚受力情况，发现问题应将工件放回地面,排除故障后重新试吊,确认一切正常,方可正式吊装。

4. 严禁利用管道、管架、电杆、机电设备等作吊装锚点。未经有关部门审查核算,不得将建筑物、构筑物作为锚点。

5. 吊装作业中,夜间应有足够的照明。

6. 吊装过程中出现故障,应立即向指挥者报告,没有指挥令任何人不得擅自离开岗位。

7. 起吊重物就位前,不许解开吊装索具。

8. 利用两台或多台起重机械吊运同一重物时,升降、运行应保持同步;各台起重机械所承受的载荷不得超过各自额定起重能力的80%。

(四) 操作人员应遵守的规定

1. 按指挥人员所发出的指挥信号进行操作。对紧急停车信号,不论由何人发出,均应立即执行。

2. 司索人员应听从指挥人员的指挥,并及时报告险情。

3. 当起重臂吊钩或吊物下面有人、吊物上有人或浮置物时,不得进行起重操作。

4. 严禁起吊超负荷或重物质量不明和埋置物体;不得捆挂、起吊不明质量,与其他重物相连、埋在地下或与其他物体冻结在一起的重物。

5. 在制动器、安全装置失灵,吊钩防松装置损坏,钢丝绳损伤达到报废标准等情况下严禁起吊操作。

6. 应按规定负荷进行吊装,吊具、索具经计算选择使用,严禁超负荷运行。所吊重物接近或达到额定起重吊装能力时,应检查制动器,用低高度、短行程试吊后,再平稳吊起。

7. 重物捆绑、紧固、吊挂不牢,吊挂不平衡而可能滑动,或斜拉重物、棱角吊物与钢丝绳之间没有衬垫时不得进行起吊。

8. 不准用吊钩直接缠绕重物,不得将不同种类或不同规格的索具混在一起使用。

9. 吊物捆绑应牢靠,吊点和吊物的中心应在同一垂直线上。

10. 无法看清场地、无法看清吊物情况和指挥信号时,不得进行起吊。

11. 起重机械及其臂架、吊具、辅具、钢丝绳、缆风绳和吊物不得靠近高低压输电线路。在输电线路近旁作业时,应按规定保持足够的安全距离,不能满足时应停电后再进行起重作业。

12. 停工和休息时,不得将吊物、吊笼、吊具和吊索吊在空中。

13. 在起重机械工作时,不得对起重机械进行检查和维修;在有载荷的情况下,不得调整起升变幅机构的制动器。

14. 下方吊物时,严禁自由下落(溜);不得利用极限位置限制器停车。

15. 用定型起重吊装机械(如履带吊车、轮胎吊车、桥式吊车等)进行吊装作业时，还应遵守该定型起重吊装机械的操作规范。

（五）作业完毕作业人员应做的工作

1. 将起重臂和吊钩收放到规定的位置，所有控制手柄均应放到零位，使用电气控制的起重机械应断开电源开关。

2. 对在轨道上作业的起重机，应将起重机停放在指定位置，有效锚定。

3. 吊索、吊具应收回放置到规定的地方，并对其进行检查、维护、保养。

4. 对接替工作人员，应告知设备存在的异常情况及尚未消除的故障。

四、高处作业安全要点

（一）高处作业前的安全要求

1. 作业前，应进行危险辨识，制定作业程序及安全措施。

2. 高处作业人员及搭设高处作业安全设施的人员应持证上岗。患有职业禁忌证（如高血压、心脏病、贫血病、癫痫病、精神疾病等）、年老体弱、疲劳过度、视力不佳及其他不适于高处作业的人员，不得进行高处作业。

3. 从事高处作业的单位应办理《作业证》，落实安全防护措施后方可作业。

4. 《作业证》审批人员应赴高处作业现场检查确认安全措施后，方可批准《作业证》。

5. 高处作业中的安全标志、工具、仪表、电气设施和各种设备，应在作业前加以检查，确认其完好后投入使用。

6. 高处作业前要制定高处作业应急预案，内容包括作业人员紧急状况时的逃生路线和救护方法、现场应配备的救生设施和灭火器材等。有关人员应熟知应急预案的内容。

7. 在紧急状态下（在下列情况下进行高处作业的）应执行单位的应急预案：①遇有六级以上强风、浓雾等恶劣气候下的露天攀登与悬空高处作业；②在临近有排放有毒有害气体、粉尘的放空管线或烟囱的场所进行高处作业时，作业点的有毒物浓度不明。

8. 高处作业前，作业单位现场负责人应对高处作业人员进行必要的安全教育，交代现场环境和作业安全要求以及作业中可能遇到意外时的处理和救护方法。

9. 高处作业前，作业人员应查验《作业证》，检查验收安全措施落实后方可作业。

10. 高处作业人员应按照规定穿戴符合国家标准的劳动保护用品，如安全带、安全帽等。

11. 高处作业前作业单位应制定安全措施并填入《作业证》内。

12. 脚手架的搭设应符合国家有关标准。高处作业应根据实际要求配备符合安全要求的吊笼、梯子、防护围栏、挡脚板等。跳板应符合安全要求，两端应捆绑牢固。作业前，应检查所用的安全设施坚固、牢靠。夜间高处作业应有充足的照明。

13. 便携式木梯和便携式金属梯梯脚底部应坚实，不得垫高使用。踏板不得有缺挡。梯子的上端应有固定措施。立梯工作角度以 $75°±5°$ 为宜。梯子如需接长使用，应有可靠的连接措施，而且接头不得超过 1 处，连接后梁的强度不应低于单梯梯梁的强度。折梯使用时上部夹角以 $35°\sim45°$ 为宜，铰链应牢固，并应有可靠的拉撑措施。

(二) 高处作业中的安全要求与防护

1. 高处作业应设监护人，对高处作业人员进行监护。监护人应坚守岗位，检查监护人员是否为《作业证》所列监护人员。

2. 高处作业人员应系用与作业内容相适应的安全带。安全带应系挂在作业处上方的牢固构件上或专为挂安全带用的钢架或钢丝绳上，不得系挂在移动或不牢固的物件上，不得系挂在有尖锐棱角的部位；安全带不得低挂高用；系安全带后应检查扣环扣牢。如监护人员必须长距离移动，则在移动区域下方需设防护网，上方设有可供安全带挂扣和移动的专用钢丝绳。

3. 作业场所有可能坠落的物件，应一律先行撤除或加以固定。高处作业所使用的工具、材料、零件等应装入工具袋，上下时手中不得持物。工具在使用时应系安全绳，不用时放入工具袋中。不得投掷工具、材料及其他物品。易滑动、易滚动的工具、材料堆放在脚手架上时，应采取防止坠落措施。高处作业中所用的物料，应堆放平稳，不妨碍通行和装卸。作业中的走道、通道板和登高用具，应随时清扫干净；拆卸下的物件及余料和废料均应及时清理运走，不得任意乱置或向下丢弃。

4. 雨天和雪天进行高处作业时，应采取可靠的防滑、防寒和防冻措施。凡水、冰、霜、雪均应及时清除。对进行高处作业的高耸建筑物，应事先设置避雷设施。遇有六级以上强风、浓雾等恶劣气候，不得进行特级高处作业、露天攀登与悬空高处作业。暴风雪及台风暴雨后，应对高处作业安全设施逐一加以检查，发现有松动、变形、损坏或脱落等现象应立即修理完善。

5. 在临近有排放有毒有害气体、粉尘的放空管线或烟囱的场所进行高处作业时，作业点的有毒物浓度应在允许浓度范围内，并采取有效的防护措施。在应急状态下，按应急预案执行。

6. 带电高处作业和涉及临时用电时应符合有关要求。

7. 高处作业应与地面保持联系，根据现场情况配备必要的联络工具，并指定专人负责联系。尤其是在危险化学品生产、储存场所或附近有放空管线的位置高处作业时，应为作业人员配备必要的防护器材（如空气呼吸器、过滤式防毒面具或口罩等）。应事先与车间负责人或工长（值班主任）取得联系，确定联络方式，并将联络方式填入《作业证》的补充措施栏内。

8. 不得在不坚固的结构（如彩钢板屋顶、石棉瓦、瓦棱板等轻型材料）上作业。登不坚固的结构（如彩钢板屋顶、石棉瓦、瓦棱板等轻型材料）作业前，应保证其承重的立柱、梁、框架的受力能满足所承载的负荷，应铺设牢固的脚手板并加以固定，脚手板上要有防滑措施。

9. 作业人员不得在高处作业处休息。

10. 高处作业与其他作业交叉进行时，应按指定的路线上下，不得上下垂直作业，如果需要垂直作业时应采取可靠的隔离措施。

11. 在采取地（零）电位或等（同）电位作业方式进行带电高处作业时，应使用绝缘工具或穿均压服。

12. 发现高处作业的安全技术设施有缺陷和隐患时应及时解决，危及人身安全时应停止作业。

13. 因作业必须临时拆除或变动安全防护设施时，应经作业负责人同意，并采取相应的措施，作业后应立即恢复。

14. 防护棚搭设时，应设警戒区，并派专人监护。

15. 作业人员在作业中如果发现情况异常，应发出信号，并迅速撤离现场。

（三）高处作业完工后的安全要求

1. 高处作业完工后，作业现场清扫干净，作业用的工具、拆卸下的物件及余料和废料应清理运走。

2. 脚手架、防护棚拆除时，应设警戒区，并派专人监护。拆除脚手架、防护棚时不得上部和下部同时施工。

3. 高处作业完工后，临时用电的线路应由具有特种作业操作证书的电工拆除。

4. 高处作业完工后，作业人员要安全撤离现场，验收人在《作业证》上签字。

（四）说明

1. 高处作业是指距坠落高度基准面2m及其以上，有可能坠落的高处进行的作业。上述规定适用于化学品生产单位的生产区域的高处作业。

2. 异温高处作业是指在高温或低温情况下进行的高处作业。高温是指作业地点具有生产性热源，其气温高于本地区夏季室外通风设计计算温度的气温2℃及以上时的温度。低温是指作业地点的气温低于5℃。

3. 带电高处作业是指作业人员在电力生产和供、用电设备的维修中采取地（零）电位或等（同）电位作业方式，接近或接触带电体对带电设备和线路进行的高处作业。

4. 高处作业分为一级、二级、三级和特级高处作业：作业高度在$2m \leqslant h < 5m$时，称为一级高处作业；作业高度在$5m \leqslant h < 15m$时，称为二级高处作业；

作业高度在 15m≤h<30m 时，称为三级高处作业；作业高度在 h≥30m 以上时，称为特级高处作业。

5. 《作业证》一式三份，一份交作业人员，一份交作业负责人，一份交安全管理部门留存，保存期 1 年。

6. 高处作业的具体安全要求按《化学品生产单位高处作业安全规范》（AQ 3025—2008）执行。

五、盲板抽堵作业安全要点

（一）盲板及垫片要求

1. 盲板应按管道内介质的性质、压力、温度选用适合的材料。高压盲板应按设计规范设计、制造，并经超声波探伤合格。
2. 盲板的直径应依据管道法兰密封面直径制作，厚度应经强度计算。
3. 一般盲板应有一个或两个手柄，以便于辨识、抽堵。8 字盲板可不设手柄。
4. 应按管道内介质性质、压力、温度选用合适的材料作盲板垫片。

（二）盲板抽堵作业安全要求

1. 盲板抽堵作业前应办理《盲板抽堵安全作业证》（简称《作业证》）。
2. 盲板抽堵作业人员应经过安全教育和专门的安全培训，并经考核合格。
3. 生产车间（分厂）应预先绘制盲板位置图，对盲板进行统一编号，并设专人负责。盲板抽堵作业单位应按图作业。
4. 作业人员应对现场作业环境进行有害因素辨识，并制定相应的安全措施。
5. 盲板抽堵作业应设专人监护，监护人不得离开作业现场。
6. 在作业复杂、危险性大的场所进行盲板抽堵作业，应制定应急预案。
7. 在有毒介质的管道、设备上进行盲板抽堵作业时，系统压力应降到尽可能低的程度，作业人员应穿戴适合的防护用具。
8. 在易燃易爆场所进行盲板抽堵作业时，作业人员应穿防静电工作服、工作鞋；距作业地点 30m 内不得有动火作业；工作照明应使用防爆灯具；作业时应使用防爆工具，禁止用铁器敲打管线、法兰等。
9. 在强腐蚀性介质的管道、设备上进行抽堵盲板作业时，作业人员应采取防止酸碱灼伤的措施。
10. 在介质温度较高、可能对作业人员造成烫伤的情况下，作业人员应采取防烫措施。
11. 高处盲板抽堵作业应按化学品生产单位高处作业安全规范的规定进行。
12. 不得在同一管道上同时进行两处及两处以上的盲板抽堵作业。
13. 抽堵盲板时，应按盲板位置图及盲板编号，由生产车间（分厂）设专人统一指挥作业，逐一确认，并做好记录。

14. 每个盲板应设标牌进行标识，标牌编号应与盲板位置图上的盲板编号一致。

15. 作业结束，由盲板抽堵作业单位、生产车间（分厂）专人共同确认。

（三）说明

1. 盲板抽堵作业是指在设备抢修或检修过程中，设备、管道内存有物料（气、液、固态）及一定温度、压力情况时的盲板抽堵，或设备、管道内物料经吹扫、置换、清洗后的盲板抽堵。上述规定适用于化学品生产单位设备管道的盲板抽堵作业。

2. 《作业证》保存期限至少为 1 年。

3. 盲板抽堵作业的详细安全要求按《化学品生产单位盲板抽堵作业安全规范》（AQ 3027—2008）执行。

六、受限空间作业安全要点

1. 受限空间作业前应办理《受限空间安全作业证》（简称《作业证》）。

2. 安全隔绝

（1）受限空间与其他系统连通的管道，如可能危及安全作业的，应采取有效隔离措施。

（2）管道安全隔绝可采用插入盲板或拆除一段管道进行隔绝，不能用水封或关闭阀门等代替盲板或拆除管道。

（3）与受限空间相连通的可能危及安全作业的孔、洞应进行严密的封堵。

（4）受限空间带有搅拌器等用电设备时，应在停机后切断电源，上锁，并加挂警示牌。

3. 清洗或置换

受限空间作业前，应根据受限空间盛装（过）的物料的特性，对受限空间进行清洗或置换，并达到下列要求：

（1）氧含量一般为 18%～21%，在富氧环境下不得大于 23.5%。

（2）有毒气体（物质）浓度应符合 GBZ 2 的规定。

（3）可燃气体浓度为当被测气体或蒸气的爆炸下限大于等于 4% 时，其被测浓度不大于 0.5%（体积分数）；当被测气体或蒸气的爆炸下限小于 4% 时，其被测浓度不大于 0.2%（体积分数）。

4. 通风

（1）打开人孔、手孔、料孔、风门、烟门等与大气相通的设施进行自然通风。

（2）必要时，可采取强制通风。

（3）采用管道送风时，送风前应对管道内介质和风源进行分析确认。

（4）禁止向受限空间充氧气或富氧空气。

5. 监测

（1）作业前 30min 内，应对受限空间进行气体采样分析，分析合格后方可进入。

（2）分析仪器应在校验有效期内，使用前应保证其处于正常工作状态。

（3）采样点应有代表性，容积较大的受限空间应采取上、中、下各部位取样。

（4）作业中应定时监测，至少每 2h 监测一次，如监测分析结果有明显变化则应加大监测频率；作业中断超过 30min 应重新进行监测分析，对可能释放有害物质的受限空间应连续监测。情况异常时应立即停止作业，撤离人员，经对现场处理并取样分析合格后方可恢复作业。

（5）涂刷具有挥发性溶剂的涂料时，应做连续分析，并采取强制通风措施。

（6）采样人员深入或探入受限空间采样时应采取下面 6 中规定的防护措施。

6. 个体防护措施

受限空间经清洗或置换不能达到上述 3 的要求时，应采取相应的防护措施方可作业。

（1）在缺氧或有毒的受限空间作业时，应佩戴隔离式防护面具，必要时作业人员应拴带救生绳。

（2）在易燃易爆的受限空间作业时，应穿防静电工作服、工作鞋，使用防爆型低压灯具及不发生火花的工具。

（3）在有酸碱等腐蚀性介质的受限空间作业时，应穿戴好防酸碱工作服、工作鞋、手套等护品。

（4）在产生噪声的受限空间作业时，应佩戴耳塞或耳罩等防噪声护具。

7. 照明及用电安全

（1）受限空间照明电压应小于等于 36V，在潮湿容器、狭小容器内作业电压应小于等于 12V。

（2）使用超过安全电压的手持电动工具作业或进行电焊作业时，应配备漏电保护器。在潮湿容器中，作业人员应站在绝缘板上，同时保证金属容器接地可靠。

（3）临时用电应办理用电手续，按《用电安全导则》规定架设和拆除。

8. 监护

（1）受限空间作业，在受限空间外应设有专人监护。

（2）进入受限空间前，监护人应会同作业人员检查安全措施，统一联络信号。另应定时联络、喊话。条件允许的，可在进入容器人员身上系上安全绳，并接到容器以外的监护人手中。

（3）在风险较大的受限空间作业，应增设监护人员，并随时保持与受限空间作业人员的联络。

（4）监护人员不得脱离岗位，并应掌握受限空间作业人员的人数和身份，对人员和工器具进行清点。

9. 其他安全要求

（1）在受限空间作业时应在受限空间外设置安全警示标志。

（2）受限空间出入口应保持畅通。

（3）多工种、多层交叉作业应采取互相之间避免伤害的措施。

（4）作业人员不得携带与作业无关的物品进入受限空间，作业中不得抛掷材料、工器具等物品。

（5）受限空间外应备有空气呼吸器（氧气呼吸器）、消防器材和清水等相应的应急用品。

（6）严禁作业人员在有毒、窒息环境下摘下防毒面具。

（7）难度大、劳动强度大、时间长、温度高的受限空间作业应采取轮换作业。

（8）在受限空间进行高处作业应按化学品生产单位高处作业安全规范的规定进行，应搭设安全梯或安全平台。

（9）在受限空间进行动火作业应按化学品生产单位动火作业安全规范的规定进行。

（10）作业前后应清点作业人员和作业工器具。作业人员离开受限空间作业点时，应将作业工器具带出。

（11）作业结束后，由受限空间所在单位和作业单位共同检查受限空间内外，确认无问题后方可封闭受限空间。

10. 说明

（1）受限空间是指化学品生产单位的各类塔、釜、槽、罐、炉膛、锅筒、管道、容器以及地下室、窨井、坑（池）、下水道或其他封闭、半封闭场所。上述规定适用于化学品生产单位的受限空间作业。

（2）《作业证》一式三联，一、二联分别由作业负责人、监护人持有，第三联由受限空间所在单位存查，《作业证》保存期限至少为1年。

（3）受限空间作业的详细安全要求按《化学品生产单位受限空间作业安全规范》（AQ 3028—2008）执行。

七、断路作业安全要点

1. 作业许可要求：

（1）断路作业应办理《断路安全作业证》（简称《作业证》）。

(2)《作业证》由断路申请单位负责办理。

(3) 断路申请单位负责管理作业现场。

(4)《作业证》申请单位应由相关部门会签。审批部门在审批《作业证》后，应立即填写《断路作业通知单》，并书面通知相关部门。

(5) 在《作业证》规定的时间内未完成断路作业时，由断路申请单位重新办理《作业证》。

2. 作业组织：

(1) 断路作业单位接到《作业证》并向断路申请单位确认无误后，即可在规定的时间内按《作业证》的内容组织进行断路作业。

(2) 断路作业申请单位应制定交通组织方案，设置相应的标志与设施，以确保作业期间的交通安全。

(3) 断路作业应按《作业证》的内容进行。

(4) 用于道路作业的工作、材料应放置在作业区内或其他不影响正常交通的场所。

(5) 严禁涂改、转借《作业证》。

(6) 变更作业内容、扩大作业范围，应重新办理《作业证》。

3. 作业交通警示：

(1) 断路作业单位应根据需要在作业区相关道路上设置作业标志、限速标志、距离辅助标志等交通警示标志，以确保作业期间的交通安全。

(2) 断路作业单位应在作业区附近设置路栏、锥形交通路标、道路作业警示灯、导向标等交通警示设施。

(3) 在道路上进行定点作业，白天不超过 2h、夜间不超过 1h 即可完工的，在有现场交通指挥人员指挥交通的情况下，只要作业区设置了完善的安全设施，即白天设置了锥形交通路标或路栏、夜间设置了锥形交通路标或路栏及道路作业警示灯，可不设标志牌。

(4) 夜间作业应设置道路作业警示灯，道路作业警示灯设置在作业区周围的锥形交通路标处，应能反映作业区的轮廓。

(5) 道路作业警示灯应为红色。

(6) 警示灯应防爆并采用安全电压。

(7) 道路作业警示灯设置高度应符合《道路作业交通安全标志》的规定。

(8) 道路作业警示灯遇雨、雪、雾天时应开启，在其他气候条件下应自傍晚前开启，并能发出至少自 150m 以外清晰可见的连续、闪烁或旋转的红光。

4. 应急救援：

(1) 断路申请单位应根据作业内容会同作业单位编制相应的事故应急措施，并配备有关器材。

(2) 动土挖开的路面宜做好临时应急措施，保证消防车的通行。

5. 交通断路作业结束，应迅速清理现场，尽快恢复正常交通。

6. 说明：

（1）断路作业是指在化学品生产单位内交通主干道、交通次干道、交通支道与车间引道上进行工程施工、吊装吊运等各种影响正常交通的作业。上述规定适用于化学品生产单位的断路作业。

（2）断路作业的详细安全要求按《化学品生产单位断路作业安全规范》（AQ 3024—2008）执行。

八、设备检修作业安全要点

（一）检修前的安全要求

1. 外来检修施工单位应具有国家规定的相应资质，并在其等级许可范围内开展检修施工业务。

2. 在签订设备检修合同时，应同时签订安全管理协议。

3. 检修施工单位应制定设备检修方案，检修方案应经设备使用单位审核。检修方案中应有安全技术措施，并明确检修项目安全负责人。检修施工单位应指定专人负责整个检修作业过程的具体安全工作。

4. 检修前，设备使用单位应对参加检修作业的人员进行安全教育。安全教育主要包括：

（1）有关检修作业的安全规章制度。

（2）检修作业现场和检修过程中存在的危险因素和可能出现的问题及相应对策。

（3）检修作业过程中所使用的个体防护器具的使用方法及使用注意事项。

（4）相关事故案例和经验、教训。

5. 检修现场应设立相应的安全标志。

6. 检修项目负责人应组织检修作业人员到现场进行检修方案交底。

7. 检修前施工单位要做到检修组织落实、检修人员落实和检修安全措施落实。

8. 当设备检修涉及高处、动火、动土、断路、吊装、抽堵盲板、受限空间等作业时，须按相关作业安全规范的规定执行。

9. 临时用电应办理用电手续，并按规定安装和架设。

10. 设备使用单位负责设备的隔绝、清洗、置换，合格后交出。

11. 检修项目负责人应与设备使用单位负责人共同检查，确认设备、工艺处理等满足检修安全要求。

12. 应对检修作业使用的脚手架、起重机械、电气焊用具、手持电动工具等各种工器具进行检查；手持式、移动式电气工器具应配有漏电保护装置。凡不符合作业安全要求的工器具不得使用。

13. 对检修设备上的电器电源,应采取可靠的断电措施,并签字确认无电后在电源开关处设置安全警示标牌和加锁,加锁的钥匙应由检修人员自己保管。检修完成后,检修人员自己亲自开锁。

14. 对检修作业使用的气体防护器材、消防器材、通信设备、照明设备等应安排专人检查,并保证完好。

15. 对检修现场的梯子、栏杆、平台、箅子板、盖板等进行检查,确保安全,尤其注意孔洞上的盖板必须固定。

16. 对有腐蚀性介质的检修场所应备有人员应急用冲洗水源和相应防护用品。

17. 对检修现场存在的可能危及安全的坑、井、沟、孔洞等应采取有效防护措施,设置警示标志,夜间应设警示红灯。

18. 应将检修现场影响检修安全的物品清理干净。

19. 应检查、清理检修现场的消防通道、行车通道,保证畅通。

20. 需夜间检修的作业场所,应设满足要求的照明装置。

21. 检修场所涉及的放射源,应事先采取相应的处置措施,使其处于安全状态。

(二)检修作业中的安全要求

1. 参加检修作业的人员应按规定正确穿戴劳动保护用品。
2. 检修作业人员应遵守本工种安全技术操作规程。
3. 从事特种作业的检修人员应持有特种作业操作证。
4. 多工种、多层次交叉作业时,应统一协调,采取相应的防护措施。
5. 从事有放射性物质的检修作业时,应通知现场有关操作、检修人员避让,确认好安全防护间距,按照国家有关规定设置明显的警示标志,并设专人监护。
6. 夜间检修作业及特殊天气的检修作业,须安排专人进行安全监护。
7. 当生产装置出现异常情况可能危及检修人员安全时,设备使用单位应立即通知检修人员停止作业,迅速撤离作业场所。经处理,异常情况排除且确认安全后,检修人员方可恢复作业。

(三)检修结束后的安全要求

1. 因检修需要而拆移的盖板、箅子板、扶手、栏杆、防护罩等安全设施应恢复其安全使用功能。
2. 检修所用的工器具、脚手架、临时电源、临时照明设备等应及时撤离现场。
3. 检修完工后所留下的废料、杂物、垃圾、油污等应清理干净。

(四)说明

1. 上述规定适用于化学品生产单位的设备大、中、小修与抢修作业。

2. 设备检修作业的详细安全要求按《化学品生产单位设备检修作业安全规范》(AQ 3026—2008)执行。

九、焊割作业安全要点

(一)气焊割作业现场安全检查

1. 氧气、乙炔气瓶要在检验期内,充装压力不超标,并有安全标签。

2. 乙炔气瓶装有阻火器;气焊、割炬完好,胶管耐压能力符合要求。

3. 焊接与切割使用的氧气胶管为黑色,乙炔胶管为红色。氧气胶管与乙炔胶管不能相互换用,也不能用其他颜色胶管代替。

4. 乙炔胶管管道的连接,应使用含铜70%以下的铜管、低合金钢管或不锈钢管。

5. 气瓶的防震圈、瓶帽齐全,安全保护装置完好;气瓶所用压力表标识清楚、有效。

6. 乙炔气瓶的搬运、装卸、使用时都应竖立放稳,严禁卧放使用。一旦要使用已卧放的乙炔瓶,必须先直立后静止20min再连接乙炔减压器使用。

7. 氧气瓶和乙炔瓶的安全距离保持5m以上,氧气瓶和乙炔瓶与动火点的安全距离保持10m以上。气瓶应固定牢靠,防止瓶倒。

8. 乙炔最高工作压力严禁止超过0.147MPa(表压)。

9. 禁止在带有压力的氧气瓶上以拧紧瓶阀或垫圆螺母的方法消除泄漏,禁止让有油、脂的棉纱、手套或工具等同氧气瓶、瓶阀、减压器等接触。

10. 不可把氧气、乙炔气瓶放在有油污、严重腐蚀、日光暴晒、明火、热辐射等易引起瓶温过高、压力剧增的环境中。

11. 氧气、溶解乙炔瓶不应放空,瓶内留有残压力不小于0.98~1.96MPa的余气(表压)。

12. 按规定穿戴个人防护用品,加强焊割保护,严防火、爆、毒、烫。

13. 气焊、气割作业人员都必须持证上岗。

14. 在易燃易爆场所气焊、气割动火,进入有危险危害环境的设备作业和登高焊割等作业,均应按企业规定办理动火作业、受限空间安全作业、登高等作业许可证,并落实安全措施后,方可进行焊割作业。

(二)电焊割作业现场安全检查

1. 电焊机应装有独立的专用电源开头,容量符合要求,电焊机超负荷时能自动切断电源。禁止多台电焊机共用一个电源开关。

2. 禁止将金属物构架和设备作为电焊机电源回路。严禁将电缆搭在气瓶等易燃物品的容器和材料上。电缆过马路时,必须采取保护措施。

3. 电焊机电缆外皮完整、绝缘良好、柔软。

4. 电焊钳绝缘、隔热性能良好，手柄有良好的绝缘层。

5. 电焊机必须摆放在通风、防雨、防晒环境中，导线端裸露部分在屏护罩内。

6. 电焊机一次、二次电气线路绝缘良好，装有独立的专用电源开关。

7. 电焊机有可靠的接地、接零装置，外壳接地良好，焊钳绝缘可靠，隔热层完好。

8. 电焊机使用场所清洁，无严重粉尘，周围无易燃易爆物。

9. 电源线或电缆线应与焊机有可靠的连接。

10. 焊接作业人员必须持证上岗，按规定穿戴各类个人护具和护品。

11. 在易燃易爆场所气焊、气割动火，进入有危险危害环境的设备作业和登高焊割等作业，均应按规定办理动火作业、受限空间安全作业、高处作业等作业许可证，并落实安全措施后，方可进行焊割作业。

第五部分 重大危险源监控安全要点

1. 重大危险源现场应设立安全警示标志，写明紧急情况下的应急处置办法，并对重大危险源实施24h实时有效监控。

2. 对于储罐区（储罐）、库区（库）、生产场所三类重大危险源，因监控对象不同，所需要的安全监控预警参数有所不同。主要可分为：

（1）储罐以及生产装置内的温度、压力、液位、流量、阀位等可能直接引发安全事故的关键工艺参数。

（2）当易燃易爆及有毒物质为气态、液态或气液两相时，应监测现场的可燃/有毒气体浓度。

（3）气温、湿度、风速、风向等环境参数。

（4）音视频信号和人员出入情况。

（5）明火和烟气。

（6）避雷针、防静电装置的接地电阻以及供电状况。

3. 罐区监测预警项目一般包括罐内介质的液位、温度、压力，罐区内可燃/有毒气体浓度，明火、环境参数以及音视频信号和其他危险因素等。

4. 库区（库）监测预警项目一般包括库区室内的温度、湿度、烟气以及室内外的可燃/有毒气体浓度、明火、音视频信号以及人员出入情况和其他危险因素等。

5. 生产场所监测预警项目一般包括温度、压力、液位、阀位、流量以及可燃/有毒气体浓度、明火和音视频信号和其他危险因素等。

6. 重大危险源（储罐区、库区和生产场所）必须设有独立的安全监控预警系统，安全监控预警参数的现场探测仪器的数据必须直接接入到系统控制器中，控制器应设置在有人值班的房间或安全场所。

7. 重大危险源应配备温度、压力、液位、流量、组分等信息的不间断采集和监测系统以及可燃气体和有毒有害气体泄漏检测报警装置，并具备信息远传、连续记录、事故预警、信息存储等功能；一级或者二级重大危险源具备紧急停车功能。

8. 对重大危险源中的毒性气体、剧毒液体和易燃气体等重点设施，应设置紧急切断装置；毒性气体的设施，应设置泄漏物紧急处置装置。

9. 重大危险源中储存剧毒物质的场所或者设施，应设置视频监控系统。

10. 对存在吸入性有毒、有害气体的重大危险源，危险化学品单位应当配备便携式浓度检测设备、空气呼吸器、化学防护服、堵漏器材等应急器材和设备；涉及剧毒气体的重大危险源，还应当配备两套以上（含两套）气密型化学防护服；涉及易燃易爆气体或者易燃液体蒸气的重大危险源，还应当配备一定数量的便携式可燃气体检测设备。

11. 可燃气体和有毒气体释放源同时存在的场所，应同时设置可燃气体和有毒气体监测报警仪。

12. 可燃的有毒气体释放源存在的场所，可只设置有毒气体监测报警仪。

13. 可燃气体和有毒气体混合释放的场所，一旦释放，当空气中可燃气体浓度可能达到25％LEL，而有毒气体不能达到最高容许浓度时，应设置可燃气体监测报警仪；如果一旦释放，当空气中有毒气体可能达到最高容许值，而可燃气体浓度不能达到25％LEL时，应设置有毒气体监测报警仪。

14. 配备检漏、防漏和堵漏装备和工具器材，泄漏报警时，可及时控制泄漏。

15. 针对罐区物料的种类和性质配备相应的个体防护用品，泄漏时用于应急防护。

16. 罐区应设置物料的应急排放设备和场所，以备急用。

17. 储罐着火后，由于高温和有毒等不易靠近灭火的罐区、罐组，应设置远程灭火系统，灭火介质应依危险物料性质而定。

18. 在储罐着火后会引起相邻的储罐受高温辐射影响而产生次生灾害的罐区，应设置远程水喷淋控制系统，并要求水源充足，能及时快捷喷淋降温。

19. 摄像视频监控报警系统应可实现与危险参数监控报警的联动。有防爆要求的应使用防爆摄像机或采取防爆措施。摄像头的安装高度应确保可以有效监控到储罐顶部。

第六部分 建构物安全要点

1. 根据建筑有关标准检查建构物有无裂缝、有无沉降、有无倾斜、有无腐蚀、有无变形。
2. 当同一建筑物内分隔为不同火灾危险性类别的房间时,中间隔墙应为防火墙。
3. 装置的控制室、机柜间、变配电所、化验室、办公室等不得与设有甲、乙$_A$类设备的房间布置在同一建筑物内。装置的控制室与其他建筑物合建时,应设置独立的防火分区。
4. 控制室、机柜间面向有火灾危险性设备侧的外墙应为无门窗洞口、耐火极限不低于3h的不燃烧材料实体墙。
5. 当装置的控制室、机柜间、变配电所、化验室、办公室等布置在装置内时,应布置在装置的一侧,位于爆炸危险区范围以外。
6. 建筑物承重钢结构,应采取耐火保护措施。
7. 变配电所不应设置在甲、乙类厂房内或贴邻建造,而且不应设置在爆炸性气体、粉尘环境的危险区域内。
8. 仓库内严禁设置员工宿舍。甲、乙类仓库内严禁设置办公室、休息室等,并不应贴邻建造。
9. 有爆炸危险的甲、乙类厂房应设置泄压设施。散发较空气重的可燃气体、可燃蒸气的甲类厂房以及有粉尘、纤维爆炸危险的乙类厂房,应采用不发火花的地面。采用绝缘材料作整体面层时,应采取防静电措施。
10. 有爆炸危险的甲、乙类厂房的总控制室应独立设置。
11. 使用和生产甲、乙、丙类液体厂房的管、沟不应和相邻厂房的管、沟相通,该厂房的下水道应设置隔油设施。
12. 甲、乙、丙类液体仓库应设置防止液体流散的设施。遇湿会发生燃烧爆炸的物品仓库应设置防止水浸渍的措施。
13. 厂房的安全疏散门应向外开启。甲、乙、丙类厂房的安全疏散门不应少于2个;面积小于等于100m² 的厂房可设1个安全疏散门。
14. 每座仓库的安全出口不应少于2个,当一座仓库的占地面积小于等于300m² 时,可设置1个安全出口。
15. 变压器、配电室的进出口门应向外开启;发电机间出入口的门应向外开启。

16. 长度大于7m的配电室应在配电室的两端各设一个出口。发电机间应有两个出入口。

17. 不得拆除建筑物的承重的柱、墙、梁、剪刀撑。

18. 不得随意改变建筑物的原结构，不得随意在楼板、屋面、防火墙上开孔打洞。穿越防火墙的管道孔洞，应采用防火材料进行封堵。

19. 车间防火门应处于常闭状态，不得拆除自闭器。

20. 可燃气体、液化烃和可燃液体的塔区平台或其他设备的构架平台应设置不少于两个通往地面的梯子，作为安全疏散通道，但长度不大于8m的甲类气体和甲、乙$_A$类液体设备的平台或长度不大于15m的乙$_B$、丙类液体设备的平台可只设一个梯子。相邻安全疏散通道之间的距离不应大于50m。

第七部分 危险化学品储运安全要点

一、易燃易爆仓库

1. 危险化学品必须储存在经有关部门批准设置的专门的危险化学品仓库中，未经批准不得随意设置化学危险品储存仓库。

2. 甲、乙类库房内不应设置办公室、休息室，并不应贴邻建造。

3. 甲、乙类仓库不应设置在地下或半地下。

4. 甲类仓库之间的防火间距不应小于20m。

5. 甲类仓库到厂外道路路边距离不应小于20m，到厂内主要道路路边距离不应小于10m，到次要道路路边距离不应小于5m。

6. 每座仓库的安全出口数目不应少于2个，但当一座仓库的占地面积小于300m²时可设置1个门。通向疏散走道或楼梯的门应为乙级防火门。

7. 甲类物品仓库宜单独设置；当其储量小于5t时，可与乙、丙类物品仓库共用一栋建筑物，但应设独立的防火分区。

8. 对于可能产生爆炸性混合气体或在空气中能形成粉尘、纤维等爆炸性混合物的仓库内应采用不发生火花的地面，需要时应设防水层。

9. 库房内应设置可燃气体检（探）测器，每隔15m设一台可燃气体检测器，而且距其所覆盖范围内的任一释放源不宜大于7.5m。

10. 可燃及有毒气体浓度报警器的安装高度，应按探测介质的密度以及周围状况等因素确定。当被监测气体的密度小于空气的密度时，可燃气体监测探头的安装位置应高于泄漏源上0.5~2m；当被监测气体的密度大于空气的密度时，安装位置应在泄漏源下方，但距离地面0.3~0.6m。

11. 汽车、拖拉机不准进入甲、乙、丙类物品库房。进入甲、乙类物品库房的电瓶车、铲车应是防爆型的；进入丙类物品库房的电瓶车、铲车应装有防止火花溅出的安全装置。

12. 甲、乙、丙类液体库房，应设置防止液体流散的设施。遇水燃烧爆炸的物品库房，应设有防止水浸渍损失的设施。

13. 爆炸物品不准和其他类物品同储存，必须单独隔离限量储存。仓库不准建在城镇，还应与周围建筑、交通干道、输电线路保持一定安全距离。

14. 压缩气体和液化气体必须与爆炸物品、氧化剂、易燃物品、自燃物品、腐蚀性物品隔离储存。易燃气体不得与助燃气体、剧毒气体同储存；氧气不得与油脂混合储存。盛装液化气体的容器属压力容器的，必须有压力表、安全阀、紧急切断装置，并定期检查，不得超装。

15. 易燃液体、遇湿易燃物品、易燃固体不得与氧化剂混合储存，具有还原性氧化剂应单独存放。

16. 自燃物品：黄磷，烃基金属化合物，浸动、植物油制品须分别专库储藏。

17. 遇湿易燃物品专库储藏。

18. 甲醇、乙醇、丙酮等应专库储存。

19. 袋装硝酸铵仓库的耐火等级不应低于二级。仓库内严禁存放其他物品。

20. 一、二级无机氧化剂与一、二级有机氧化剂必须分别储藏，但硝酸铵、氯酸盐类、高锰酸盐、亚硝酸盐、过氧化钠、过氧化氢等必须分别专库储藏。

21. 通风管道不宜穿过防火墙等防火分隔物，如必须穿过时应用非燃烧材料分隔。

22. 受日光照射能发生化学反应引起燃烧、爆炸、分解、化合或能产生有毒气体的化学危险品应储存在一级建筑物中。其包装应采取避光措施。

23. 堆垛。

（1）不允许直接落地存放。根据库房地势高低，一般应垫高15cm以上。遇湿易燃物品、易吸潮溶化和吸潮分解的商品应根据情况加大下垫高度。

（2）一般垛高不超过3m。

（3）堆垛间距：

① 主通道大于等于180cm；

② 支通道大于等于80cm；

③ 墙距大于等于30cm；

④ 柱距大于等于10cm；

⑤ 垛距大于等于10cm；

⑥ 顶距大于等于50cm。

24. 每天对库房内外进行安全检查，检查内容包括易燃物应清理、货垛牢固程度和异常现象等。

25. 操作易燃液体需穿防静电工作服，禁止穿带钉鞋。大桶不得直接在水泥地面滚动。桶装各种氧化剂不得在水泥地面滚动。

26. 库房内不准分、改装，开箱、开桶、验收和质量检查等需在库房外进行。

27. 分区存放的物质应设置所存放物质名称的标牌。

28. 库房门口设静电释放球。

29. 库房应采用不发生火花的地面。

30. 库房周围应无杂草和易燃物。
31. 库房内所有电器设备应为防爆型。
32. 应设置安全疏散指示标志。
33. 按规范设置消防器材。

二、易燃易爆罐区

1. 有毒有害和易燃易爆化学品储罐必须安装液位、温度、压力超限报警设施、气体泄漏检测报警系统和火灾报警系统，并确保适用状态。
2. 气体检测器设置：当检（探）测点位于释放源的全年最小频率风向的上风侧时，可燃气体检测点与释放源的距离不宜大于15m，有毒气体检测点与释放源的距离不宜大于2m。当检（探）测点位于释放源的全年最小频率风向的下风侧时，可燃气体检测点与释放源的距离不宜大于5m，有毒气体检测点与释放源的距离不宜大于1m。
3. 可燃气及有毒气体浓度报警器的安装高度，应按探测介质的密度以及周围状况等因素确定。当被监测气体的密度小于空气的密度时，可燃气体监测探头的安装位置应高于泄漏源上0.5~2m；当被监测气体的密度大于空气的密度时，安装位置应在泄漏源下方，但距离地面0.3~0.6m。
4. 液化气体、剧毒液体等重要储罐必须要设置紧急切断装置。
5. 液化石油气储罐组或储罐区四周应设置高度不小于1.0m的不燃烧体实体防护墙。
6. 甲、乙、丙类液体储罐成组布置时，组内储罐的布置不应超过两排。甲、乙类液体立式储罐之间的防火间距不应小于2.0m，卧式储罐之间的防火间距不应小于0.8m。
7. 甲、乙、丙类液体的地上式、半地下式储罐或储罐组，其四周应设置不燃烧体防火堤。防火堤的设置应符合下列规定：
（1）防火堤内的储罐布置不宜超过2排，单罐容量小于等于1000m^3且闪点大于120℃的液体储罐不宜超过4排。
（2）防火堤的有效容量不应小于其中最大储罐的容量。对于浮顶罐，防火堤的有效容量可为其中最大储罐容量的一半。
（3）防火堤内侧基脚线至立式储罐外壁的水平距离不应小于罐壁高度的一半。防火堤内侧基脚线至卧式储罐的水平距离不应小于3.0m。
（4）立式储罐防火堤的设计高度应比计算高度高出0.2m，而且其高度应为1.0~2.2m（以堤外3m范围内设计地坪标高为准），卧式储罐防火堤的高度不应低于0.5m（以堤内设计地坪标高为准）；并应在防火堤的适当位置设置灭火时便于消防队员进出防火堤的踏步。

(5) 沸溢性液体地上式、半地下式储罐，每个储罐应设置一个防火堤或防火隔堤。

(6) 含油污水排水管应在防火堤的出口处设置水封设施，雨水排水管应设置阀门等封闭、隔离装置。

(7) 在防火堤内雨水沟穿堤处应采取防止可燃液体流出堤外的措施。

(8) 在防火堤的不同方位上应设置人行台阶或坡道，同一方位上两相邻人行台阶或坡道之间距离不宜大于60m；隔堤应设置人行台阶。

8. 罐区出入口设置静电释放球。

9. 应设置安全警示标识及储物料的 MSDS。

10. 按规范要求设喷淋、洗眼器并保持完好。

11. 甲、乙、丙类液体储罐区，液化石油气储罐区，可燃、助燃气体储罐区，应与装卸区、辅助生产区及办公区分开布置。

12. 甲$_B$、乙类液体的固定顶罐应设阻火器和呼吸阀；对于采用氮气或其他气体气封的甲$_B$、乙类液体的储罐还应设置事故泄压设备。

13. 甲乙类液体储罐到厂内主要道路路边不应小于15m，到次要道路路边不应小于10m。

14. 多品种的液体罐组内应按下列要求设置隔堤：

(1) 甲$_B$、乙$_A$类液体与其他类可燃液体储罐之间。

(2) 水溶性与非水溶性可燃液体储罐之间。

(3) 相互接触能引起化学反应的可燃液体储罐之间。

15. 储罐的进出口管道应采用柔性连接。

16. 甲、乙类罐组四周道路边应设置手动火灾报警按钮，其间距不宜大于100m。

17. 液化烃的储罐应设液位计、温度计、压力表、安全阀，以及高液位报警和高液位自动联锁切断进料措施。对于全冷冻式液化烃储罐还应设真空泄放设施和高、低温度检测，并应与自动控制系统相联。

18. 液化烃储罐的安全阀出口管应接至火炬系统。若就地放空，其排气管口应高出8m范围内储罐罐顶平台3m以上。

19. 气柜或全冷冻式液化烃储存设施内，泵和压缩机等旋转设备或其房间与储罐的防火间距不应小于15m。

20. 罐组的专用泵区应布置在防火堤外，与储罐的防火间距应符合下列规定：

(1) 距甲$_A$类储罐不应小于15m。

(2) 距甲$_B$、乙类固定顶储罐不应小于12m，距小于或等于500m^3的甲$_B$、乙类固定顶储罐不应小于10m。

(3) 距浮顶及内浮顶储罐、丙$_A$类固定顶储罐不应小于10m，距小于或等于

$500m^3$ 的内浮顶储罐、丙$_A$类固定顶储罐不应小于8m。

21. 易燃液体储罐应设置绝热设施或降温设施,现场电器设施应为防爆电器。

22. 易燃、可燃液体和可燃气体储罐区内不应有与储罐无关的管道、电缆等穿越,与储罐区有关的管道、电缆穿过防火堤时洞口应用不燃材料填实,电缆应采用跨越防火堤方式铺设。

23. 液氧储罐5.0m范围内不应有可燃物和设置沥青路面。

24. 储罐接地、跨接应规范、完好。

25. 按规范要求配备消防设施。

26. 可燃气体、液化烃、可燃液体的钢罐必须设防雷接地,并应符合下列规定:甲$_B$、乙类可燃液体地上固定顶罐,当顶板厚度小于4mm时,应装设避雷针、线,其保护范围应包括整个储罐;浮顶罐及内浮顶罐可不设避雷针、线,但应将浮顶与罐体用两根截面不小于$25mm^2$的软铜线作电气连接。

三、一般危险化学品罐区

1. 储罐应设围堰。

2. 丙类液体储罐到厂内主要道路路边不应小于10m,到次要道路路边不应小于5m。

3. 助燃剂、强氧化剂及具有腐蚀性液体储罐与可燃液体储罐之间应设置隔堤,禁忌物料储罐之间应设隔堤。

4. 储存温度高于100℃的丙$_B$类液体储罐应设专用扫线罐。

5. 设有蒸汽加热器的储罐应采取防止液体超温或温度过低的措施。

6. 储存腐蚀性液体的罐区地坪防腐应完好。

7. 玻璃液位计应设防护套。

8. 按规范要求设喷淋、洗眼器并保持完好。

9. 设备接地应完好。

10. 输送腐蚀性液体的泵区地坪防腐完好,泵周围设围堰。

四、一般危险化学品仓库

1. 储存危险化学品的仓库必须配备有专业知识的技术人员,其库房及场所应设专人管理,管理人员必须配备可靠的个人安全防护用品。

2. 储存的危险化学品应有明显的标志,标志应符合GB 190的规定。同一区域储存两种或两种以上不同级别的危险品时,应按最高等级危险物品的性能标志。

3. 根据危险品性能分区、分类、分库储存。各类危险化学品不得与禁忌物料混合储存。

4. 储存危险化学品的建筑必须安装通风设备，并注意设备的防护措施。

5. 在丙、丁类仓库内设置的办公室、休息室，应采用耐火极限不低于 2.50h 的不燃烧体隔墙和 1.00h 的楼板与库房隔开，并应设置独立的安全出口。如隔墙上需开设相互连通的门时，应采用乙级防火门。

6. 在可能散发有毒气体的库房内应设置有毒气体检（探）测器，而且距释放源不宜大于 1m。

7. 腐蚀性物品，包装必须严密，不允许泄漏，严禁与液化气体和其他物品共存。

8. 储存危险化学品的仓库，必须建立严格的出入库管理制度。

9. 禁止在化学危险品储存区域内堆积可燃废弃物品。

10. 储存腐蚀性化学品的库房，货垛下应有隔潮设施，一般不低于 15cm。

11. 腐蚀性化学品堆垛要求

（1）堆垛高度：

① 大铁桶液体立码，固体平放，一般不超过 3m；

② 大箱（内装坛、桶）1.5m；

③ 化学试剂木箱 2～3m；

④ 袋装 3～3.5m。

（2）堆垛间距：

① 主通道大于等于 180cm；

② 支通道大于等于 80cm；

③ 墙距大于等于 30cm；

④ 柱距大于等于 10cm；

⑤ 垛距大于等于 10cm；

⑥ 顶距大于等于 50cm。

12. 按规范要求设置喷淋、洗眼器并保持完好。

13. 仓库内应设置安全警示牌、危险物质安全告知牌。

14. 分区存放的物质应设置所存放物质名称的标牌。

15. 按规范设置灭火器。

五、危险化学品露天存放

1. 危险化学品露天堆放，应符合防火、防爆的安全要求，爆炸物品、一级易燃物品、遇湿燃烧物品、剧毒物品不得露天堆放。

2. 遇火、遇热、遇潮能引起燃烧、爆炸或发生化学反应，产生有毒气体的化学危险品，不得在露天或在潮湿、积水的建筑物中储存。

3. 桶装、瓶装甲类液体不应露天存放。

4. 垛距限制2m，通道宽度4~6m，与禁忌品距离10m。

5. 储存腐蚀性化学品的货棚或露天货场，货垛下应有隔潮设施，一般不低于30cm。

6. 可燃材料堆场，应与装卸区、辅助生产区及办公区分开布置。

六、剧毒化学品仓库

1. 剧毒化学品应当在专用仓库内单独存放。

2. 实行"五双"保管制度：储存保管环节双人管、双把锁、双人收发、双人领退、双方签字，保管人员每天核对剧毒化学品实际储存情况。

3. 剧毒化学品应当储存在专用设施内，必须根据性能分区、分类、分库存放，并设置明显的标识，附近应当设置值班室。

4. 仓库若有玻璃窗，窗户应安装铁栅栏。铁栅栏钢筋直径不少于12cm，栅杆间距不超过10cm。

5. 防盗保险柜应当不低于《防盗保险柜》（GB 10409—89）中A类防盗保险柜标准，质量小于340kg的要固定在混凝土地面或墙壁上。

6. 应当安装视频监控系统。储存场所周边宜加装电子巡更系统，并符合以下要求：

（1）封闭式储存场所（指墙体和屋顶间封闭的专用仓库或防盗保险柜），应加装由红外等入侵探测器组成的入侵报警系统。

（2）半封闭式储存场所（指周围用砖墙或铁栅栏围拦，围拦与屋顶间不封闭的专用场地），宜加装由周界等入侵探测器组成的入侵报警系统。

（3）敞开式储存场所（指周围不封闭的专用场地）的槽罐阀门，徒手能打开的应加装防破坏装置。

7. 周界入侵探测器应当安装在库房的四周，其他入侵探测器应当安装在储存场所的出入口、窗口或内部。

8. 库区无人员、车辆进出时，周界入侵报警装置应当进入设防状态；储存场所关闭时，其他入侵报警装置应当进入设防状态。入侵报警装置的撤防时间一般不得超过2h。

9. 入侵报警装置应当接入或安装在值班室或独立设置的监控室，并与110报警服务台或当地派出所联网，或与其他主管部门联网。

10. 前端探头的监视范围，应当覆盖库区进出通道、库房出入口和其他储存场所等重要部位。前端探头处于粉尘环境的，应加装防护罩。

11. 监控终端应当安装在值班室或监控室，并预留远程接口。监视图像能实时显示、清晰稳定，并按设计要求进行记录。

12. 图像记录应当采用数字录像设备，保存时间不少于 30 天。回放图像连续、稳定，能明确辨识被摄人员、车辆和其他主要物品标识性特征。

13. 仓库宜安装防盗锁，安装挂锁的应加装防撬剪装置。

14. 储存场所为本单位的治安保卫重要部位，实施重点保护。重要部位设置的治安防范设施，应当达到《危险物品单位"三防"要求》。

15. 配备必要的应急救援器材和个人防护用品。

七、危险化学品运输（含装卸）

1. 危险化学品运输车辆应当悬挂或者喷涂符合国家标准要求的警示标志。

2. 危险化学品的装卸作业应当遵守安全作业标准、规程和制度，并在装卸管理人员的现场指挥或者监控下进行。

3. 运输危险化学品，应当根据危险化学品的危险特性采取相应的安全防护措施，并配备必要的防护用品和应急救援器材。

4. 用于运输危险化学品的槽罐以及其他容器应当封口严密，能够防止危险化学品在运输过程中因温度、湿度或者压力的变化发生渗漏、洒漏；槽罐以及其他容器的溢流和泄压装置应当设置准确、起闭灵活。

5. 甲$_B$、乙、丙$_A$类的液体严禁采用沟槽卸车系统。

6. 顶部敞口装车的甲$_B$、乙、丙$_A$类的液体应采用液下装车鹤管。

7. 甲$_B$、乙、丙$_A$类液体的装卸车应采用液下装卸车鹤管。

8. 液化烃严禁就地排放。

9. 进入化学危险品储存区域的人员、机动车辆和作业车辆，必须采取防火措施。

10. 装卸、搬运化学危险品时应按有关规定进行，做到轻装、轻卸，严禁摔、碰、撞、击、拖拉、倾倒和滚动。

11. 装卸对人身有毒害及腐蚀性的物品时，操作人员应根据危险性穿戴相应的防护用品。

12. 不得用同一车辆运输互为禁忌的物料。

13. 修补、换装、清扫、装卸易燃、易爆物料时，应使用不产生火花的铜制、合金制或其他工具。运输易燃、易爆物品的机动车，其排气管装阻火器，并符合危险化学品的运输资质。

14. 危险化学品装卸前，应按有关规定对车辆进行静电导出、通风、静止等操作。

15. 运输危险化学品的车辆，应按指定路线限定速度行驶。

16. 可燃、易燃液体罐车在装卸地点应有接地装置、安全操作空间和防止操作人员从罐车上坠落的措施。

17. 储罐汽车在装卸作业前，应采用专用接地线及接地夹将汽车、储罐与装卸设备等电位连接。作业完毕封闭储罐盖后方可拆除。

18. 企业应雇用有资质的单位运输危险化学品。

第八部分 机械工厂现场安全要点

一、通用安全要求

1. 储存、使用危险化学品应按规定取得安全许可并建立严格的安全管理制度。

2. 锅炉、起重机械、工业管道、厂内机动车辆等危险性较大的特种设备应按规定进行检验检测。

3. 工业梯台的宽度、角度、梯级间隔、护笼设置、护栏高度等应符合要求；结构件没有松脱、裂纹、扭曲、腐蚀、凹陷或凸出等严重变形；梯脚防滑措施、轮子的限位和防移动装置应完好。

4. 锻造机械中锤头、操纵机构、夹钳、刹刀不应有裂纹，缓冲装置应灵敏可靠。铸造机械应有足够的强度、刚度及稳定性，管路应密封良好，控制系统应灵敏，有急停开关；防尘、防毒设施应完好。两类机械的安全装置和防护装置应齐全可靠。

5. 运输（输送）机械传动部位安全防护装置应齐全可靠，应设置急停开关，启动和停止装置标记应明显，接地线应符合要求。

6. 金属切削机床防护罩、盖、栏，防止夹具、卡具松动或脱落装置，各种限位、联锁、操作手柄应完好有效；机床电器箱、柜与线路应符合要求；未加罩旋转部位锲、销、键不得有凸出；磨床旋转时无明显跳动；车床加工超长料时有防弯装置；插床设置防止运动停止后滑枕自动下落的配重装置；锯床的锯条外露部分应有防护罩和安全距离隔离。

7. 冲、剪、压机械的离合器、制动器、紧急停止按钮应可靠、灵敏，传动外露部分安全防护装置应齐全可靠，防伤手安全装置应可靠有效，专用工具应符合安全要求。

8. 木工机械的限位及联锁装置、旋转部位的防护装置、夹紧或锁紧装置应灵敏、完好可靠；跑车带锯机应设置有效的护栏；锯条、锯片、砂轮应符合规定，安全防护装置应齐全有效。

9. 装配线的输送机械防护罩（网）应完好，无变形和破损；翻转机械的锁紧限位装置应牢固可靠；吊具、风动工具、电动工具应符合相关要求；运转小车应定位准确、夹紧牢固、料架（箱、斗）结构合理、放置平稳；过桥的扶手应稳固，踏脚高度应合理，平台防滑应可靠；地沟入口盖板应完好无变形，沟内清洁无积水、积油和障碍物。

10. 砂轮机的砂轮不应有裂纹和破损，托架安装牢固可靠，砂轮机的防护罩应符合要求；砂轮机运行应平稳可靠、砂轮磨损量不应超标。

11. 电焊机的电源线、焊接电缆与焊接机连接处应有可靠屏护，保护接地线应接线正确，连接可靠。

12. 注塑机的防护罩、盖、栏应牢固且与电气联锁，液压管路连接应可靠，油箱及管路应无漏油，控制系统开关应齐全完好。

13 手持电动工具应按规定配备漏电保护装置，绝缘电阻、电源线护管及长度应符合要求，防护罩、手柄应完好，保护接地线应连接可靠。风动工具的防松脱锁卡防护罩应完好，气阀、开关应完好不漏气，气路密封无泄漏，气管无老化、腐蚀。

14. 移动电器绝缘电阻、电源线应符合要求，防护罩、遮拦、屏护、盖应完好无松动，开关灵敏可靠且与荷载相配备。

15. 各种电气线路的绝缘、屏护良好，导电性能和机械强度符合要求，保护装置齐全可靠，护套软管绝缘良好并与负荷配备，敷设符合要求。

16. 涂装作业场所电气设备防爆、通风，涂料存量、消防设施隔离措施应符合要求。

17. 作业场所的器具、物料应摆放整齐，车间车行道和人行道应符合要求，地面平整整洁、无障碍物，坑、壕、池应设置盖板或护栏；采光照明应符合要求；消防设施应符合要求。

二、机械钳工岗位安全要点

（一）工作前

1. 工作场地要清理整洁，检修的机械设备外部特别是手扶脚蹬的地方不得有油脂污垢。

2. 设备大修需要移位时，必须联系电气人员切断电源，把导线裸露部分用胶布缠好。

3. 对所检修的设备，必须首先有效切断电源，关闭风、气、油、水等动力阀门，并挂上"有人工作，严禁合闸"等警示标志牌，实行"挂牌上锁"。

（二）工作中

1. 不得站在容易滚动的工作物件旁边或脚蹬在活动的地方。

2. 对大型或不稳定的零部件，下面必须用方木垫平，不得有活动或滚动的情况。

3. 使用吊具拆卸机械上的较重机件时，必须捆绑牢固后再松螺栓；装配时，也要紧好螺栓再松捆绑钢丝绳。

4. 丝杠、光杠或铁棍、撬棍等，不得斜立在机械设备上。

5. 铲刮作业时，被铲、刮的工件必须稳固。

6. 有压力的机械，在检修前必须打开安全阀泄压。有冷却装置的机械，必须打开排水管排出积水，关闭进水阀停止进水。

7. 检修有易燃、易爆或有毒危险等设备时，必须将易燃、易爆或有毒物质彻底清除干净后，方可开始检修。

8. 机械设备拆卸解体如分上下两部分同时进行作业时，不准上下两部分在垂直方向同时进行工作，以防工件或工具坠落伤人。

9. 使用搬运车时，机械零部件要捆绑牢固。推车时，要注意瞭望。装卸车时，防止偏载伤人；车轮要用方木掩住，以防滚动。

10. 用人力移动工件，参加人员要密切配合，一人指挥，协调动作；所用工具安全可靠。

11. 拆卸齿轮时，手不得扶在齿轮的滚动处。

12. 安装时，不准将手指伸入转动的螺孔里摸试，以防挤伤。

13. 组装机械设备时，要检查各部件是否有裂纹、各部件安装应牢固、有无机件遗留在传动部位里。

14. 使用风管吹扫工件时，不可直对人吹，周围有人或有需防尘的工件时必须安排妥当后方可吹扫。

15. 用油清洗零部件时，距工作地点5m以内严禁烟火。废油必须妥善处理，不得乱倒。严禁用汽油清洗零部件。

（三）工作后

必须撤离岗位上的所有检修人员，设备操作人员必须到现场确认确无人员在设备内或设备上，方可开机。

三、修理装配钳工岗位安全要点

（一）工作前

对所修理装配的设备，必须切断电源、风、气、油、水等动力开关，并挂上安全警示标志牌，实行"挂牌上锁"。

（二）工作中

1. 装拆机械设备时，手脚不得放在或蹬在机床转动的部位。

2. 多人装配和拆卸零部件时，必须由专人指挥，行动一致，密切配合。

3. 使用钻床不准戴手套、围巾，不准手握棉纱。工件要装卡牢固，不得用手扶。钻下的和钻头上的铁屑不得用手拿或用嘴吹。

4. 刮剔、錾锉工件时，要注意周围环境，防止铁屑、刀刃伤人。

5. 拆卸有弹性的零件时，要防止突然弹出伤人。

6. 递接材料、零部件时，禁止投掷。

7. 当轴类零件插入机床组合时，禁止用手指引导或用手插入孔内探测。

8. 工作结束后，对修理装配未完的机械设备，应采取可靠的安全防护措施。

四、管道钳工岗位安全要点

（一）在地沟内工作时

1. 沟、井盖掀起后，必须妥善存放。进地沟前要检查，要办理进入受限空间作业证。确认无可燃有害气体，无塌方、下沉现象后，方可进入施工。

2. 入地沟工作时，外面必须有人监护，随时联系。

3. 在接近行人、车辆通行的地沟内工作时，必须根据环境设置遮拦，并挂上安全警示标志。

（二）在室内外工作时

1. 开风、水、汽等阀门必须缓慢进行，身体和头部要躲开正面，以免迸出伤人。

2. 禁止在有压力的气、管道及设备上进行修理工作。厂房内暖气和水管冻裂时禁止用火烤。

3. 多人搬运沉重物件时，要有专人统一指挥，密切配合。

（三）使用工具

1. 套丝时，先检查后挡。使用时要注油。套丝时用力要均衡。

2. 拉锯时，用力不要过猛和过快，以免锯条折断伤人。

3. 使用管钳必须符合规定，不准用加力管。

4. 水压试验，压力表要校对好。管子或部件水压试验时，不准超过规定标准。升压要缓慢进行。

（四）工作后

将井盖、沟盖盖好，清除现场作业垃圾，防止行人跌伤。

五、机床岗位安全要点

（一）总体要求

1. 一切机床的操作者都应经过技术培训，方能操作指定设备，并执行操作规程。

2. 机床的操作者必须熟悉所操作机床的结构、性能和日常维护保养方法。

3. 机床电气接地必须良好，各种安全防护装置不许随意拆除。

4. 机床照明一律使用36V以下的低压灯,并定位牢固,照明效果良好。

5. 机床附件要定期由专业人员负责进行技术状态检查、检修或更换。

6. 机床进行擦拭或定期保养工作时,必须先关闭总电源。

7. 机床上的通风、除尘、排毒装置,应与主机同时养护,定期清扫污染物,保持正常使用,防止污染。

(二) 开工前

1. 必须正确佩戴劳动防护用品,工作服上衣领口、袖口、下摆应扣扎好。设备运转时,操作者不准戴手套,不准穿拖鞋、凉鞋、高跟鞋或其他不符合安全要求的服装。

2. 上岗前严禁喝酒。

3. 整理好工作场地,清除操作范围内的一切障碍物以及地面的油污、水渍。

4. 查看机床"交接班记录",检查机床防护保险、信号装置、电器限位、制动、润滑、照明等安全设施应良好、齐备,各手柄位置应正确。

5. 按动电钮前,必须检查机床的转动体和往复运动的工作台面上有无未紧固的工件或搁置的工具等其他杂物,机床周围有无妨碍机件运动的堆积物品。

6. 认真检查机床上的刀具、夹具,工件装卡应牢固正确、安全可靠,保证机床运转中倒车、换向和加工过程中受到冲击时不致松动、脱落而发生事故。

7. 工件上机床前,无论是毛坯还是半成品,都要认真清除毛刺、飞边、油污和铸造粘砂等,防止装卡时伤手和旋转时沙尘飞溅造成事故。

8. 在机床试运转3～5min未发现异常后,才能作业。

(三) 工作中

1. 操作者必须熟悉加工产品的工艺程序要求,不准带病或超负荷使用机床。

2. 机床在运行中严禁下列动作:

① 擦拭机床,给机床注油;

② 摘挂皮带,换挡变速;

③ 检查刀具刃口,紧固压力螺栓或其他转动部位螺栓、螺帽;

④ 更换刀具或装卸工件;

⑤ 测量工件尺寸,用手抚摩工件或刀头以清除金属切屑;

⑥ 隔着床身或刀杆拿取物件或传递工件;

⑦ 使用已损坏的或钝化了的刀刃具强行切削;

⑧ 攀登或翻越机床打扫卫生,对机床进行保养;

⑨ 离开机床,搬运配件或做其他事情。

3. 有下列情况时必须立即停车,并关闭电源:

① 电源突然中断时;

② 机床限位及其他控制设施失灵时;

③ 机械或电气有不正常的异响、高温(温度达50～60℃以上)、冷却或润滑

突然中断时；

④ 机床突然发生局部故障或事故时；

⑤ 操作者需要离开机床或处理其他工作时。

4. 加工的成品与未加工品要整齐地放在固定位置，而且与机床保持至少0.5m的间距。

5. 严禁在机床对面观察加工情况或与工作者谈话。

（四）工作后

1. 首先切断电源，关闭气（汽）阀、水阀，认真清扫机床，整理工地，放好加工零件，将机床操作手柄停放在零位。

2. 对本班不能完成的加工件，应将刀具退到安全位置。车工加工大工件时，应加支持件，并向下一班详细介绍情况。

3. 认真填写交接班记录。

六、锻压机械安全要点

（一）设备检查

1. 机器外露零部件包括安装在机器上的附属装置等必须符合安全要求。

2. 机器工作时，如存在有因被加工材料、碎块（材料、模具破裂）、制件或液体等从机器中飞出或溅出而发生危险的情况，则应采取相应的防护措施，如设置透明的防护罩、隔板等，其强度必须能承受可以预料的负荷。

3. 机器工作时，如存在有火焰、激光、高压水发射等而发生危险的情况，则应采取相应的防护措施，如分别设置隔热板和防止激光、高压水意外发射的装置等。对外露的运动、旋转零部件，一般应设置防护罩。罩与运动零部件间不得形成伤害人体的夹紧点。

4. 工作部件行程（运动）一般应设置指示装置。机器单向旋转的零部件，如飞轮等，一般应有转向指示装置。

大型机器的飞轮传动一般应设置飞轮制动器，制动时间应符合设计文件的规定。

5. 上下砧不松动，销、榫坚固。

锤头砧体应安装紧固、无松动，防止在运动中脱落。固定用的销楔应无松动和突出1.5mm以上，检查时用手锤敲击判断松动情况，使用销楔处不宜用垫片。

6. 锤头无裂纹。

锤头应无裂纹和破碎的缺陷，而且上下砧平行度小于1/300。

7. 操纵机构灵敏、可靠

操纵手柄、踏杆、按钮、制动机构手（脚）柄（杆）应灵活好用，以防止产生误动作。操纵机构应有防止意外触动致使设备误动作而造成事故的措施,按钮上必须注明"启动"、"停止"等字样。

制动器必须可靠,摩擦离合器与制动器的动作应联锁,其联锁应协调、灵敏、可靠。

机器上必须设置紧急停止机构(按钮、手柄等),但紧急停止机构不能减小风险的机器除外。紧急停止机构应设置在使操作者或者需要操纵它的人员易于接近且无操作危险的地方。由多人协同操作的机器,每个操作点都应设置紧急停止机构。

8. 安全装置和防护装置齐全、可靠。

机器必须根据其自身的结构特点和操作方式对工作危险区至少配置一种合适的安全防护装置,以防止操作者的手、指或身体其他部位无意地进入工作危险区。

超载保护装置的超载保护系数选用应合理,工作应可靠,动作应灵敏。超载保护装置的超载保护动作一般应与机器工作部件的操纵联锁,即使超载保护装置失效,工作部件也不得自动启动,除非重新进行操纵,但联锁影响机器工作的情况除外。

限位器、紧急制动器、溢流阀等安全装置应齐全有效,各种传动装置应有护罩、护网、护栏,防止人体的直接接触。

9. 紧固部件无松动。

电动机、储气罐等不得松动。摩擦盘、飞轮、导轨压条等部位上紧固件不得松动,以防止运动件脱落或误操作。

10. 操纵机夹钳、剁刀等辅助工具无裂纹。

大型设备配套使用的机夹钳、小型设备上的人力夹钳、自由锻时使用的剁刀等辅助工具受力部位应无裂纹,剁刀等工具受打击部位的硬度不应高于HRC30。

11. 储气罐等辅机安全状态良好。

储气罐、高压泵、控制柜(台)等辅机与主机安全运行有密切关系,储气罐应符合压力容器的评价要求。高压泵与控制柜都应处于完好的安全状态。

12. 设备、设施应合理布置,便于操作且基础牢固可靠。

13. 当需要在离地面3m以上的高度对机器进行操作、维修和保养时,机器上一般应设置符合标准的平台和梯子。平台的铺板应防滑,梯子的阶梯应防滑。

(二) 行为检查

1. 工作前必须佩戴好劳保护品,检查所有的工具(钳子、模具、垫铁、压棍、剁刀、冲子等)及辅助设备(吊车、滑链、链条)应无断裂现象并安全可靠。清理滑块行程空间和模具空间的杂物。冬季使用的工具要预热,冲子顶部不准淬火。

2. 启动主电动机前,应先试验离合器的电磁气阀,确认气阀动作和离合器、制动器动作准确、灵敏、可靠后才能启动主电动机。主电动机转向必须与规定方向相符。闭合高度的调正必须严格按照说明书规定的调正程序和方法进行。调正下顶料装置时，不准接通主电动机。做空运转试车或更换模具或调试闭合高度后，滑块的第一步行程只准用"寸动"。检查模具闭合高度和同心度应适当，确认无误后，再依次用"寸动"、"一次行程"、"连续行程"各工作程序操作。滑块运行时，不准头、手伸入模具封闭空间，不准用钳子伸入模具内矫正或取、放锻件。经常注意模具工作情况，如发现有松动现象就立即紧固。将锻坯放入模子及从模子取出锻件时，严禁把脚放在电源踏板上。

3. 使用钳子时，钳嘴必须与工件尺寸相符合并密切吻合，以保证夹持牢固可靠。操作时将钳子紧握身旁，不得正对腹部，手指不得放在两股钳腿之间，使用钳箍时必须将钳箍打紧。

4. 锤击开动时，掌钳统一指挥，严禁将手伸入锤头行程内拿放工具或从砧面上清除氧化铁皮。锤击过程中，严禁往砧面上塞放垫铁，必须等锤悬起平稳后方可放置。垫铁在砧面上放置的位置及要放入深度要恰当，以免打飞伤人。在进行锻造作业时，要集中精力，互相配合；要注意选择安全位置，躲开危险方向。

5. 剁料及冲孔，剁刀及冲子上的油、水必须擦拭干净，除持剁刀冲子者外其余人员要暂时闪开，料头飞出方向不准有人。

6. 从模中投出工件或从工作中投出冲子时，必须垫平放稳，使用的圆垫必须平整合适，不准用畸形料头代替圆垫往下投活。

7. 使用脚踏开关锤者，除遵守气锤安全操作规程外，特别在测量工件尺寸时，必须将脚撤离脚踏开关，以防误踏出事。

8. 使用压力机前检查压力机传动系统，电机线路、丝杠、丝母、滑块、滑板应良好。

9. 司锤工要按掌钳的指挥准确司锤，锤击时每一锤要轻打，等工具和锻件接触稳定后方可重击；锻件过冷、过薄、未放在锤中心、未放稳或有危险时均不得锤击，以免损坏设备、模具和震伤手臂，以及发生锻件飞出，造成伤人事故；严禁擅自落锤和打空锤。锻工、司炉互相传递工件或传运工件、装炉装车要牢固，以免滚落砸伤。不准用手或脚去清除砧面上的氧化皮，不准用手去触摸锻件；烧红的坯料和锻好的锻件不准乱扔，以免烫伤别人。

10. 在工作中，不准赤脚、光膀和穿凉鞋。

11. 工作后，应将滑块停在上死点上。

（三）作业环境

1. 机器及其电气系统存在遗留风险的地方应在相应部位上做出明显警示性标志。警示性标志应符合规定。

2. 机器的噪声应符合有关噪声限值标准的规定。

3. 机器工作地点的震动，应采取有效的减震措施。

4. 机器的工作区应根据需要设置局部照明装置,该装置应符合相关规定。

七、工业炉窑安全要点

(一) 设备检查

1. 炉门升降机构必须完好,钢丝绳断丝不得超过规定值,重锤配置适当,外露传动部分应设防护罩。

如果是水冷却的炉门,还要保证管道畅通,冬季管路不冰冻。炉门要有限位装置,进出炉时要有切断电源的联锁装置,钢丝绳在节距内断丝数不得超过10%,平衡炉门的重锤悬挂应可靠。要求外露传动部分的防护装置应保持正确的安装位置,结构合理,能防止人体各部分触及转动部分。

2. 炉车钢丝绳滑轮应完整无损。

炉窑上所有滑轮、链轮结构完好,无缺损,转动灵活。

3. 炉体的炉墙、炉衬应严密、无泄漏,要求耐火材料能经受热、腐蚀、摩擦和化学侵蚀,炉体的炉墙要保持完整,不得有缺损,耐火材料及其制品连接的缝隙不得漏气,同时要求炉窑的整体性必须坚固。

4. 锻造加热炉炉门巡回冷却水应保持正常流通,炉门巡回冷却水必须畅通,并在门上安装排气管。

5. 退火炉、供模炉炉门必须装有保险装置,使用电加热的炉窑设备必须有良好的接地(零)装置,接地(零)装置的接线柱处要有防护甲罩壳。

6. 煤气(天然气)炉气阀应完好,无松动、泄漏现象,气阀应能按照操作要求使开关停在任一位置上,特别是在火焰熄灭时能迅速切断燃料供给。气阀要求无松动和泄漏现象,保持其整体性和可靠性。

7. 重油炉油管、风管及加热管应无裂纹、无泄漏现象。各种不同用途的管道都要保持无泄漏、无裂纹、畅通,油嘴应畅通,油温、油(风)压应保持正常。

8. 盐浴炉测温仪表、仪器应灵敏可靠,电气设备接地应完好、正确,要求仪器、仪表反应灵敏、指示正确,并在检验周期内使用。

9. 箱式电阻炉测温仪表应灵敏可靠,电阻丝应完好,电气设备接地及防护罩应完好无损。

10. 燃油反射炉风管、油管应保持畅通,油温、风压及测温仪表应保持正常。

11. 气体渗碳炉炉盖升降机构应保持正常,风扇转动平稳,冷却水管无堵塞,输油管道应畅通、无渗漏,排气管、漏油器必须畅通。

12. 气体氮化炉氨气管道、炉盖应无泄漏,氨气瓶严禁靠近热源、电源或在强日光下曝晒,氨气瓶严禁靠近热源、电源或在强日光下曝晒,保持通风良好,而且布置在人员活动地点的下风侧。

13. 抽风装置应良好，液体氰化炉应有单独抽风。

14. 硝盐炉应用电加热，严禁用煤或油类加热。硝盐炉如果坩埚破损则严禁使用。

（二）行为检查

1. 无本设备操作证者，不得进行操作。操作人员应注意防火、防爆、防毒、防烫、防触电，并要了解有关救护灭火知识。工作场地应配备必要的消防器材。

2. 化学物品应有专人管理，并严格按有关规定存放。工作中配制各种化学药剂、试剂时，应严格执行《化学试验一般安全技术操作规则》。禁止无关人员进入氰化室、化学药品储藏室、中频发电机室、硅整流机室和高频淬火室。各室内应保持清洁，不准堆放无关物品。

3. 工作前认真阅读交接班记录，解决上一班的遗留问题。清除妨碍设备正常运转的障碍物。按润滑相关规定，对设备进行润滑。检查电器设备、仪表及工夹量具应完好，检查热处理炉关键部位的紧固件，如有松动必须紧固好。工作前应先开抽风机，工作完毕后应做好场地及设备的清扫工作。

4. 热处理炉设备开动后，操作人员不得擅离工作岗位，应集中思想，按工艺程序认真进行操作。在正常情况下，不许带负荷启动设备，也不许超负荷使用设备。经常注意设备的运转情况，如有润滑不良或紧固件松动、或零件损坏、或管路漏流、或电器失灵、或轴承温度大于65℃等现象，应立即停机处理，必要时通知维修人员修理。如发生设备事故，应立即停止设备运转，保持现场情况，报告有关部门检查、分析、处理。

5. 使用行车（或单轨吊车）时，应有专人指挥，并执行有关行车使用的安全操作规程。井式炉及盐浴炉的吊车电机应防爆，钢丝绳应经常检查定期更换。

6. 工件进入油槽要迅速。淬火油槽周围禁止堆放易燃易爆物品。

7. 采用煤炉、煤气炉、天然气炉、油炉加热进行热处理，应遵守有关炉型司炉工安全操作规程。入炉工件、工具应干燥。

8. 大型热处理炉及连续热处理炉采用炉子机械输送工件和燃料，使用前必须检查炉子机械关键传动部件有无烧损、腐蚀，机械运行轨道上有无障碍物，工件堆放高度和宽度是否超过规定，堆放平稳与否。工件出炉卸车时应注意防止烫伤及砸伤事故。

9. 入盐熔炉工件、工具应干燥。硝盐炉工作中严禁硝盐带入中高温盐槽内，并严禁将棉丝物、木炭、石墨及氰盐带入硝盐炉内。硝盐着火时，不得使用水、泡沫灭火器或湿沙灭火。

10. 大型井式电阻炉吊、装工件时，炉子台上、下不许站人。

11. 工作完毕，应关闭电路，或关闭阀门，并切断电源或水源和气源。认真填写交接班记录，做好交接班工作。

(三) 作业环境

1. 各种废液、废料应分类存放，统一回收和处理，禁止随意倾入下水道和垃圾箱。
2. 应尽量采用无氰工艺。
3. 当班人员必须穿戴好工作服、工作帽、防护鞋、眼镜或防护面罩。

八、数控机床安全要点

(一) 通用安全检查

1. 工作时，应检查是否穿好工作服、安全鞋，应戴上安全帽及防护镜，不允许戴手套操作数控机床，也不允许扎领带。
2. 开车前，检查数控机床各部件机构应完好、各按钮应能自动复位。开机前，操作者应按机床使用说明书的规定给相关部位加油，并检查油标、油量。
3. 在数控机床周围不应放置障碍物，工作空间应足够大。
4. 更换保险丝之前应关掉机床电源，不要用手接触电动机、变压器、控制板等有高压电源的场合。
5. 一般不允许两人同时操作机床。但某项工作如需要两个人或多人共同完成时，应注意相互将动作协调一致。
6. 上机操作前应熟悉数控机床的操作说明书，数控车床的开机、关机顺序一定要按照机床说明书的规定操作。
7. 主轴启动开始切削之前一定要关好防护门，程序正常运行中严禁开启防护门。
8. 在每次电源接通后，必须先完成各轴的返回参考点操作，然后再进入其他运行方式，以确保各轴坐标的正确性。
9. 机床在正常运行时不允许打开电气柜的门。
10. 加工程序必须经过严格检查方可进行操作运行。
11. 手动对刀时，应注意选择合适的进给速度；手动换刀时，刀架距工件要有足够的转位距离，以不至于发生碰撞。
12. 加工过程中，如出现异常危机情况可按下"急停"按钮，以确保人身和设备的安全。
13. 不允许采用压缩空气清洗机床、电气柜及 NC 单元。

(二) 工作前的安全检查

1. 机床工作开始工作前要有预热，认真检查润滑系统。如机床长时间未开动，可先采用手动方式向各部分供油润滑。
2. 使用的刀具应与机床允许的规格相符，有严重破损的刀具要及时更换。
3. 工具不要遗忘在机床内。

4. 大尺寸轴类零件的中心孔应合适，中心孔如太小则工作中易发生危险。

5. 刀具安装好后应进行一两次试切削。

6. 检查卡盘夹紧工作的状态。

7. 机床开动前，必须关好机床防护门。

8. 了解和掌握数控机床控制和操作面板及其操作要领，将程序准确地输入系统，并模拟检查、试切，做好加工前的各项准备工作。

9. 了解零件图的技术要求，检查毛坯尺寸、形状有无缺陷。选择合理的安装零件方法。

10. 正确地选用数控车削刀具，安装零件和刀具要保证准确牢固。

11. 机床开始加工之前必须采用程序校验方式检查所用程序应与被加工零件相符，待确认无误后，方可关好安全防护罩，开动机床进行零件加工。

（三）工作过程中的安全要点

1. 禁止用手接触刀尖和铁屑，铁屑必须要用铁钩子或毛刷清理。

2. 禁止用手或其他任何方式接触正在旋转的主轴、工件或其他运动部位。

3. 禁止加工过程中量活、变速，更不能用棉丝擦拭工件、也不能清扫机床。

4. 车床运转中，操作者不得离开岗位，机床发现异常现象立即停车。

5. 经常检查轴承温度，过高时应找有关人员进行检查。

6. 在加工过程中，不允许打开机床防护门。

7. 严格遵守岗位责任制，机床由专人使用，他人使用须经本人同意。

8. 工件伸出车床 100mm 以外时，须在伸出位置设防护物。

9. 机床开机时应遵循先回零（有特殊要求除外）、手动、点动、自动的原则。机床运行应遵循先低速、中速、再高速的原则，其中低速、中速运行时间不得少于 2~3min。当确定无异常情况后，方可开始工作。

10. 严禁在卡盘上、顶尖间敲打、矫直和修正工件，必须确认工件和刀具夹紧后方可进行下步工作。

11. 操作者在工作时更换刀具、工件，调整工件或离开机床时，必须停机。

12. 机床上的保险和安全防护装置，操作者不得任意拆卸和移动。

13. 机床在工作中发生故障或不正常现象时应立即停机，保护现场，同时立即报告现场负责人。

14. 操作者严禁修改机床参数。必要时必须通知设备管理员，请设备管理员修改。

（四）工作完成后的安全要点

1. 清除切屑、擦拭机床，使用机床与环境保持清洁状态。

2. 注意检查或更换磨损坏了的机床导轨上的油察板。

3. 检查润滑油、冷却液的状态，及时添加或更换。

4. 依次关掉机床操作面板上的电源和总电源。

5. 机床附件和量具、刀具应妥善保管，保持完整与良好，丢失或损坏照价赔偿。

6. 实训完毕后应清扫机床，保持清洁，将尾座和拖板移至床尾位置，并切断机床电源。

九、冲床安全要点

（一）设备检查

1. 冲床设备技术状态良好，零件结构严密。

2. 冲床离合器、制动器、曲轴、连杆、滑块、启动按钮等灵活、正确、可靠。

3. 冲床设备机械传动外露部分做到"有轴必有套"、"有齿必有罩"。

4. 电气线路符合低压用户电气装置规程要求。

5. 模具要有安全防护措施。

6. 冲床与地面基础连接牢固、可靠，并有防震措施。

7. 设备紧固件无松动，模具、夹料板运行正常，防护装置良好，模具无损坏。

（二）行为检查

1. 做到"手不入模"，要有完善的规章制度，技术上有可靠的防护措施。

2. 严禁违章指挥、强迫工人冒险操作。

3. 工人在无安全装置或装置失效的情况下不得操作冲床。

4. 机床安全防护和紧急刹车装置应处于良好状态。

5. 使用的一切工具应符合要求，调整或换模时必须关闭电源。

6. 两人以上操作时，做到统一指挥；一人开车时，必须通知另外的人。

（三）作业环境

1. 冲击噪声应符合《工业企业噪声卫生标准》规定。

2. 工作场地应保持整齐清洁。

3. 原材料、成品和半成品堆放整齐、道路畅通，做到不妨碍操作者通行和工作。

4. 工作地点局部照明应符合规定。

十、剪板机安全要点

（一）设备检查

1. 设备牢固地固定在基础上，地脚螺栓上锁紧螺母不得松动。

2. 刀架上下运动平稳。液压传动的剪板机，其上刀架（或滑块）在规定的行程范围内无爬行、停滞、振动和明显的冲击现象。

3. 压斜装置的压料脚无严重磨损,被剪料板受压均匀。
4. 机械和液压传动的剪板机工作过程和动作顺序正常。停车时上刀架停在规定的位置上。
5. 工作台面平整、清洁,无焊疤和油污。托料铜球滚动灵活、送料方便。
6. 刀架与支承面的固定接合面紧密贴合。刀架安装正确,固定螺钉拧紧。
7. 刀片工作间隙调整装置锁紧可靠,调整螺栓无滑丝、乱扣和突出于工作台面现象。
8. 刀架平衡装置有自锁的安全结构和防护措施。
9. 刀架平衡装置能保证刀架在行程的任何位置上自行保持平衡。
10. 挡料装置挡料准确、调整灵活、送料方便、使用可靠,并有完整的挡料退让机构。
11. 托料装置的滚动、升降等动作灵活可靠。
12. 在剪切过程中,离合器与制动器相互联锁,即离合器结合时制动应先脱开,离合器脱开后制动器才合上。
13. 气动摩擦离合器及制动器正确、牢固地装于传动轴和飞轮里,并保证顺序动作,相互联锁,灵敏、可靠,压缩空气无泄漏现象。
14. 气动摩擦离合器和制动器的各零件齐全完好、调节灵活、作用良好。
15. 气动摩擦离合器和制动器的摩擦片及圆盘无磨损和发热情况。
16. 刚性离合器与带式制动器应联锁。制动带的实际接触面不小于摩擦面的75%。
17. 紧急制动时,离合器能立即脱开,制动带将转轴刹住,实行制动。
18. 离合器与制动器及其操纵机构的配合动作协调、准确可靠。
19. 液压、润滑系统无堵塞、渗漏现象。气体管路系统中无泄漏现象。
20. 导轨的润滑油有回油或盛接的装置。
21. 液压与气动系统中,装有液压与气压突然消失或供液与供气中断的保护措施及显示装置。
22. 工作时,油箱内油温低于50℃,连续满负荷工作24h以后应低于60℃。
23. 液压系统的压力表应清晰、灵敏、准确和可靠。无铅封的压力表禁止使用。
24. 齿轮转动平稳,无不规则的冲击声。剪板机空运转的噪声低于90dB。
25. 飞轮牢固地固定在轴上,转动平稳。
26. 飞轮轴应设有超载离合器或其他超载保护装置,并灵敏、可靠。
27. 露于床身外的传动齿轮、胶带轮、飞轮、联轴器及其他可能危及人身安全的旋转部位均有防护装置。
28. 对剪切料头可能飞出的危险部位必须设有防护挡板。

29. 剪板的刀架和压料装置的危险部位必须设有防护措施。

30. 遮挡式防护装置如挡板、罩、网都能达到防护栅栏的宽度与剪刀宽度或工作台宽度，并能防止进入剪切、压料的危险区；固定式防护栅栏在刀架或其他运动部位运行时不得开启。

31. 电气设备符合设计要求，铭牌清晰，安装牢固。电气连接良好，导线接头有防松措施。有振动影响的电器要有防震措施。

32. 气动控制系统应有紧急停车按钮。

33. 启动"按钮"有高于按钮头的防护挡圈，装在按钮盒内，其外加设铁皮盒，并上锁，以免他人操作。

34. 电动机接线需套以金属保护管；电器箱箱门完整、关闭严密，压紧螺钉（或门锁）齐全、紧固，内部保持清洁、干燥，所有电器零件及接线端子不松动；机床保护接地（零）线良好。

35. 离地面高度2m以上设置的阶梯、平台及围栏符合国标GB 4053.2—83、GB 4053.3—83、GB 4053.4—83的规定。

36. 阶梯必须有与主动轴控制联锁的措施，登梯检修时能断开主传动电源。

37. 剪板机应有铭牌和指示润滑、操纵和安全的标牌或标志。

38. 主机配合的各种附属装置，其危及人身安全的部位要装有防护装置。

（二）行为检查

1. 剪板机严禁超负荷运行。
2. 剪板机上使用的螺栓、螺母、销钉等紧固件要有防松措施。
3. 刚性离合器在运行中，应保证转销和键无明显的撞击声。
4. 剪切小料应采取加垫的方法，防止压料不当而发生意外事故。
5. 多人协助工作时，应指定专人负责指挥并操纵脚踏开关。
6. 禁止使用机床加工超长、超厚物件。
7. 严禁剪切淬过火的钢、高速钢、合金工具钢、铸铁及脆性材料。
8. 电动机不得带负荷启动，开车前离合器应脱开。
9. 工作前要用手扳动皮带轮转几转，观察刀片运动情况。
10. 经常检查拉杆有无失灵现象、紧固螺栓有无松动。
11. 一张板料剪到末了时，不要将手指垫在板料下送料，不得两人在同一台机床上同时剪两件材料。
12. 后面不准站人、接料。
13. 调整和清扫机床，必须停车进行。
14. 调整刀片后，一定实行手扳车试验及空车试验。

（三）作业环境

1. 工作台上不得放置其他物品。
2. 工作场地周围保持整洁，保证垂直起吊工件或零件无阻碍。

3. 工作台面的水平照度保持 60lx，机床局部照明参照 TJ 34—79 的国标规定。

十一、车削加工安全要点

（一）普通车床安全要点

1. 设备检查

（1）机床上应设局部照明，机床上的照明灯应采用安全电压供电，照明变压器应有接地（零）保护。

（2）摩擦离合器应能控制主轴的转动，并起过载保护作用。

（3）脱落蜗杆机构应起走刀过载保护作用。

（4）在设置行程挡块时，脱落蜗杆机构应能在行程挡块的作用下起行程控制作用。

（5）溜板箱内如设置非脱落蜗杆式过载行程控制机构，如齿形离合器安全机构、摩擦离合器安全机构等，亦应起过载保护及行程控制作用。

（6）溜板箱内设置的互锁机构应能防止丝杆、光杆同时传动。

（7）所有操作手轮、手柄必须完整，灵活好用。

（8）所有变速、换向机构应有明显的挡位标志牌及定位装置，并定位可靠。

（9）机床必须设置保护接地（零）线。

（10）三角胶带防护罩、挂轮箱罩、主轴尾端防护罩应齐全完好，固定可靠。

（11）应备有带护手环的切屑钩。

（12）应备有卡盘防护装置和切屑及冷却液防护挡板。

（13）当飞出的切屑可能危及周围操作者或行人安全时，应设置防护网或防护挡板。

（14）应设置木质脚踏板。

（15）车削韧性金属时，应磨制断屑刀具或安设断屑装置。

（16）车床所有附件，包括三爪卡盘、四爪卡盘、拨盘、花盘、中心架、跟刀架、顶尖等，均应齐全完好，灵活好用。使用时定位锁紧牢靠。

（17）制动装置应在离合器脱开时起制动作用。

2. 行为检查

（1）机床开动前要观察周围动态，机床开动后要站在安全位置上，以避开机床运动部位和铁屑飞溅。

（2）不准在机床运转时离开工作岗位，因故离开时必须停车并切断电源。

（3）机床开动后，不准接触运动着的工件、刀具和传动部分。禁止隔着机床转动部位传递或拿取工具等物品。

（4）调整机床速度行程、装夹工件和刀具以及擦拭机床时都要停车进行。

(5) 机床导轨面上、工作台上禁止放工具或其他东西。

(6) 装卸卡盘及大的工、夹具时,床面要垫木板,不准开车装卸卡盘,装卸工件后应立即取下扳手。禁止用手刹车。

(7) 装卸工件要牢固,夹紧时可用接长套筒,禁止用榔头敲打。

(8) 加工细长工件要用顶针、跟刀架,车头前面伸出部分不得超过工件直径的 20~25 倍,车头后面伸出超过 300mm 时必须加托架,必要时装设防护栏杆。

(9) 用锉刀光工件时,应右手在前,左手在后,身体离开卡盘。禁止用砂布裹在工件上砂光,应模仿用锉刀的方法,成直条状压在工件上。

(10) 车内孔时不准用锉刀倒角。用砂布光内孔时,不准将手指或手臂伸进去打磨。

(11) 加工偏心工件时,必须加平衡铁,并要坚固牢靠,刹车不要过猛。

(12) 攻丝或套丝必须用专用工具,不准一手扶攻丝架一手开车。

(13) 切大料时,应留有足够余量,以便卸下砸断,以免切断时大料掉下伤人;小料切断时,不准用手接。

(二) 立式车床安全要点

1. 设备检查

(1) 操纵手柄应操纵灵活,扳动操纵手柄至"启动"位置时应能使压紧摩擦片的摇臂达到自锁位置,以保证定位可靠。

(2) 工作台应有防止四爪座退出的定位板。

(3) 加工偏心工件时,必须加配重铁,以保持工作台平衡,配重铁必须装夹牢靠,以防甩出伤人。

(4) 快速行程机构中的摩擦离合器必须完好,当负荷过大时能起保护作用。

(5) 进给箱内保险连接器中的保险销必须符合设计要求,以防因超负荷而引起事故。

(6) 应设有防止横梁、刀架移动时超越行程的限位装置。

(7) 操作平台应有栏杆和底护板。

(8) 所有操纵手轮应有定位装置及明显的挡位标牌。压紧手轮的螺栓、螺母应齐全、完好,并固紧。

(9) 三角胶带和主电动机与变速箱的联轴器应设防护罩。

(10) 工作台应设围栏,以防止工作台旋转时造成伤害。

(11) 工作台周围应设置切屑挡板。

(12) 应设置木质脚踏板。

2. 行为检查

(1) 工具、量具不准放在横梁刀架上。

(2) 不准用手直接清除铁屑,应使用专门工具清扫。

(3) 装卸工件、工具时要和行车司机、挂钩工密切配合。

(4) 工件、刀具要紧固好。所用的千斤顶、斜面垫板、垫块等应固定好，并经常检查，以防松动。

(5) 工件在没夹紧前，只能点动校正工件，要注意人体与旋转体保持一定的距离。严禁站在旋转工作台上调整机床和操作按钮。非操作人员不准靠近机床。

(6) 使用的扳手必须与螺帽或螺栓相符，夹紧时用力要适当，以防滑倒。

(7) 如工件外形超出卡盘，必须采取适当措施，以避免碰撞立柱、横梁或把人撞伤。

(8) 对刀时必须缓速进行。自动对刀时，刀头距工件40~60mm即停止机动，改用手摇进给。

(9) 在切屑过程中，刀具未退离工件前不准停车。

(10) 加工偏重件时，要加配重铁，以保持卡盘平衡。

(11) 登"看台"操作时要注意安全，不准将身体伸向旋转体。

(12) 切削过程中禁止测量工件和变换工作台转速及方向。

(13) 不准隔着回转的工件取东西或清理铁屑。

(14) 发现工件松动、机床运转异常、进刀过猛时，应立即停车调整。

(15) 大型立车两人以上操作时，必须明确主操作人员负责统一指挥、互相配合。

(16) 不准在机床运转时离开工作岗位，因故要离开时必须停车并切断电源。

(三) 铲齿车床安全要点

1. 设备检查

(1) 应有零压保护装置，当操纵手柄处于启动位置时，若电源电压降低过多或突然断电，机床即自动停止工作；当供电恢复正常时，机床也不能自行启动。

(2) 主轴后面的地刀轮轮缘应有光滑的圆槽以增大旋转力，轮上严禁装手柄，以防对刀轮旋转时引起事故。

(3) 床鞍的纵向锁紧装置应完好，如压紧块及方头螺钉磨损应予更换。

(4) 单向离合器必须完好，在工作行程时单向离合器应啮合，在快速反行程时单向离合器应脱开。

(5) 应有防止床鞍工作进给时超越安全行程的限位装置，而且动作灵敏可靠。

(6) 所有操纵手轮、手柄应完整好用，并有明显的挡位标志及定位装置。

(7) 床鞍两边的床身导轨护板必须安装牢靠，当床鞍做纵向移动时不得与机床上的其他零件摩擦。

(8) 差动挂轮防护罩应采用封闭式结构，以防止切屑和灰尘掉入。

(9) 磨轮平型带、差动挂轮防护罩及螺距、槽数挂轮防护罩等应用螺钉可靠固定，不得与设备运转部分发生摩擦。

(10) 磨轮及平型带传动系统一般不配备防护罩，宜采用防护挡板等有效的防护措施。

(11) 应安装吸尘装置。

(12) 严禁使用受潮、受冻和有裂纹的砂轮。

(13) 安装砂轮及卡盘的主轴，其螺纹旋向必须与砂轮工作旋向相反，以免砂轮主轴与螺母松脱而造成事故。

(14) 夹紧砂轮主轴用的螺栓、螺母及主螺钉等必须齐全完好，其螺纹不得滑丝、乱扣。

(15) 应设置木质脚踏板。

(16) 搭配各种挂换齿轮时必须停车。

2. 行为检查

(1) 铲齿时要根据加工量选定合适的转数，避免因撞击过大而打刀伤人。

(2) 更换砂轮应符合安全要求，工作中随时检查砂轮装夹情况。

(3) 机床运转时，不准用手去摸旋转的部位，亦不得开车打扫机床和测量工件。工具和量具不得放在床面上。

(4) 铲削和磨削时所用的芯棒要装上插销和键，工件装好后必须将芯棒的螺帽拧紧。顶尖和凸轮要保持良好的润滑。

(5) 松顶尖时必须等车停稳，变速、调换刀具、加油时必须停机。

(6) 经常检查吸尘装置应好用，防止粉尘扩散。工作结束后，要把各手柄放到空挡。

3. 个人防护

干磨与修整砂轮时，应戴防护眼镜和口罩。

十二、钻床安全要点

(一) 设备检查

1. 主传动系统中应具有转矩保险离合器，当主轴负荷超过允许最大转矩的25%时离合器应打滑。

2. 所有操纵手柄、手轮必须齐全、完好，调整灵活，动作正确。

3. 变速、操纵机构挡位应准确可靠，并有明显的挡位标志或定位装置。

4. 当进给抗力大于机床设计最大进给抗力的1.35倍时，主轴进给保险离合器必须打滑。

5. 摇臂升降必须有限位装置，上升或下降至极限位置时限位装置应起作用。

6. 摇臂及立柱夹紧机构外露的传动齿轮等危险部位应安设防护罩，并用螺钉固紧。

7. 机床局部照明应采用安全电压。

8. 钻床的总传动电源应设置符合规定的短路保护，各电动机应有单独的符合规定的短路保护和过载保护。

9. 装有"十"字开关的机床，应能保证摇臂升降与主轴运转的联锁。如果电路没有零压保护环节，应有能避免"十"字开关手柄扳至任何位置时接通电源而产生"误动作"的装置。

10. 机床必须保护接地（零）。

11. 主传动三角胶带防护罩应齐全完好。

12. 应设置木质脚踏板。

（二）行为检查

1. 工件夹装必须牢固可靠，钻小件时应用工具夹持，不准用手拿着钻孔，不准在工作时戴手套。

2. 使用自动走刀时，要选好进给速度，调整好行程限位块。手动进刀时，一般按照逐渐增压和逐渐减压原则进行，以免用力过猛造成事故。

3. 钻头上绕有铁屑时，要停车清除。禁止用风吹、手拉，要用刷子或铁钩清除。

4. 精绞深孔时，拨取圆器和稍棒不可用力过猛，以免手撞在刀具上。

5. 不准在转动的刀具下翻转、卡压或测量工件。手不准触摸旋转的刀具。

6. 使用摇臂钻时，横臂回转范围内不准有障碍物。工作前，横臂必须卡紧。

7. 横臂和工作台上不准有浮放物件。

8. 工作结束后，将横臂降到最低位置，主轴箱靠近立柱，并且都要卡紧。

十三、刨削加工安全要点

（一）牛头刨床安全检查

1. 设备检查

（1）变速手柄应操作灵活、挡位分明、定位可靠。

（2）滑枕手动方头轴处应设有安全保险装置，能将方头轴上使用过的手柄自动推出。

（3）调整滑枕行程不得超出机床允许范围。

（4）刀架必须牢固地安装在滑枕前部，不得有摇晃现象。紧固螺栓、螺母必须齐全完好。

（5）工作台必须牢固地固定于横梁滑板上，前部固定于支架上，横梁应紧密地压紧在床身导轨上，不得有松动现象。

（6）工作台应平整，台面上不得放置工、量具及其他杂物。

（7）机床上的照明灯应采用安全电压供电，照明变压器应有接地（零）保护。

（8）三角胶带应有防护罩，并牢固固定。

(9) 滑枕护板必须牢固地安装在床身上。

(10) 机床工作台前部应设置防护网或防护挡板并搁置稳当，以防飞出的切屑伤人。

(11) 应设置木质脚踏板。

2. 行为检查

(1) 工件装夹要牢固，增加虎钳夹固力应用接长套筒，不得用铁榔头敲打扳手。

(2) 刀具不得伸出过长，刨刀要装牢，工作台上不得放置工具。

(3) 调整牛头冲程要使刀具不接触工作面，溜板前后不许站人。

(4) 机床调整好后，随时将摇手柄取下。

(5) 刨削过程中，头、手不要伸到车头前检查，不得用棉纱擦拭工件和机床转动部位。车头不停稳，不得测量工件。

(6) 清扫铁屑只允许用毛刷，禁止用嘴吹。

(7) 装卸较大工件和夹具时应请人帮助，防止滑落伤人。

(8) 必须将刀架退离工件后，方准启动工作台。

(二) 龙门刨削安全检查

1. 设备检查

(1) 工作台运行速度应能自动调整，即在刀具切入和切出工件时能自动减速，以避免撞崩刀具和工件边缘而伤人。

(2) 如工件、夹具外形超出工作台，其超出部分应小于工作台边沿到立柱或横梁的水平距离，以免动作时发生碰撞，此外尚应采取适当的防护措施，以防人体触碰而引起伤害。

(3) 横梁夹紧装置动作应灵活可靠，横梁在升降前夹紧装置自动松开，升降完成后则自动夹紧。

(4) 机床上所有固定结合面必须紧密贴合、定位准确、固定牢靠、不得松动。

(5) 必须设有工作台、横梁和刀架的限位装置，其动作应灵敏、可靠。

(6) 保险装置必须有足够的强度，定位可靠，当撞过一次后必须重新检查，调整该装置的准确性，并固紧。

(7) 所有操纵手柄、手轮应有明显的挡位标示牌及定位装置。压紧手轮用的螺栓、螺母应齐全、完好，并固紧。

(8) 灯光信号装置的功能应良好。

(9) 液压电机组应设防护罩。

(10) 工作台前刨削防护板必须安装牢固。

(11) 工作台前、后应有防护栏杆，其高度不得低于800mm。

2. 行为检查

(1) 工件装夹要牢固，压板、垫铁要平稳，并注意龙门宽度。工件装夹好后，开一次慢车，检查工件和夹具应能安全通过。

(2) 正式开车前，须将行程挡铁位置调节适当和紧固，并取下台面上杂物。

(3) 开车后严禁将头、手伸入龙门及刨刀前面，不准站在台面上，更不准跨越台面，严禁有人在两头护栏内通过。多人操作时需要由一人指挥，动作要协调。

(4) 工件装卸及翻身要选择安全地方，注意锐边毛刺割手，应和行车工、挂钩工密切配合。

(5) 开车后若要重新调节行程挡铁、测量工件、清扫铁屑，都必须停车。

(6) 清除铁屑只许用刷子，禁止用压缩机空气吹。

3. 作业环境

机床周围地坑应用盖板盖好，盖板应坚固、定位可靠、能防滑。

(三) 插床安全检查

1. 设备检查

(1) 操纵手柄应操纵灵活、挡位分明、动作准确，当扳到空挡位置时能迅速停止滑枕运动。操纵手柄失灵时，应及时修复。

(2) 调整滑枕行程时应使刀具不接触工件，并用手转动飞轮，检查滑枕插头移动位置应正确，滑枕的往复应平稳、可靠、无阻滞。

(3) 刀架部分所有零件应齐全完好，螺钉、螺母不得滑丝、乱扣，垫板应平直，如有缺、裂和变形不得继续使用。

(4) 工作台应能进行圆周分度，分度后必须将锁紧螺母旋紧。

(5) 工作台应平整，台面上不得放置工、量具及其他杂物。

(6) 进给机构上的摇杆装置、拉杆以及棘轮机构应齐全完好。进给量调整后，必须将T形螺栓、螺母拧紧，螺纹不得有滑丝、乱扣现象。

(7) 进给拉杆下端套用的保险弹簧当工作台遇有故障时，应能自行停止进给。

(8) 所有操作手柄、手轮必须完整、灵活好用、定位可靠。变速、换向机构应有明显的挡位标志牌及定位装置。

(9) 三角胶带和棘轮防护罩应齐全完好。

2. 行为检查

(1) 使用的扳手与螺帽必须相符，用力要适当，以防止滑倒。

(2) 装夹工件要选好基准面，压板、垫铁要平稳可靠，压紧力要适当，以保证工件在切削中不松动。

(3) 直线运动（纵、横向）和圆周运动的工作台，不允许三向同时动作。

(4) 禁止在运动中变换滑枕速度、滑枕行程和插程位置，滑枕调好后必须锁紧。

(5) 工作中操作者的头部不许伸入滑枕冲程中观察加工情况。

(6) 工作台和机床导轨上不允许堆放杂物。

(7) 清除铁屑应用毛刷，禁止用嘴吹。

(8) 测量工件、清理铁屑时必须停车进行。

(9) 工作完毕后垂直滑轨要用木头支住，防止自动滑下（适用于液压传动），各手柄放至"空位"。

十四、铣削加工安全要点

（一）铣床安全检查

1. 设备检查

(1) 机床应设局部照明。机床上的照明灯应采用 36V 安全电压供电。照明变压器应有接地（零）保护。

(2) 飞轮应在主轴上定位准确，安装牢靠，以免主轴转动不稳而使铣切时产生振动和冲击。

(3) 转盘和手柄应操纵灵活，挡位分明，不得因机床振动而脱位。

(4) 进给变速箱内设置的滚珠式安全离合器应起走刀过载保护作用，即当进给力过大时停止自动进给。

(5) 进给箱内设置的摩擦离合器应能起过载保护作用，即当快速传动过载时摩擦片打滑，快速移动停止。

(6) 工作台纵向、横向及垂直方向的进给运动应互锁，应保证三个方向进给运动的传动离合器不可能同时接通。

(7) 工作台快速移动与一般自动进给运动应互锁，两者不得同时接通。

(8) 电气-机械互锁性能不好，导致手柄不能互锁或操纵失灵时，严禁使用机床。

(9) 进给箱内设置的安全互锁机构在操纵工作台进行自动进给或快速移动时，应起安全互锁作用。

(10) 工作台纵向移动手轮处，应设置安全保护结构或采用手轮能方便取下的结构。

(11) 工作台各层上设置的锁紧装置应完好。

(12) 工作台纵向移动、床鞍横向移动和升降台垂直移动三个方向均应设限位装置。

(13) 机床上防护罩和自制挂轮防护罩应齐全、完好。

(14) 应备有切屑及冷却液防护装置。

(15) 应备有适用的挂轮防护罩，以便铣削螺旋面时防止因挂轮外露而引起伤害。

(16) 应设置木质脚踏板。

（17）应备有清理切屑的工具。

2. 行为检查

（1）装夹工件、工具必须牢固可靠，不得有松动，所用扳手必须符合标准规格。

（2）在机床上进行装卸工件和刀具，紧固、调整、变速及测量工件等工作，必须停车。

（3）高速切削时必须装设挡板。

（4）工作台上不得放置工、量具及其他物件。

（5）切削中，头、手不得接近铣削面。装卸工件时必须移开刀具后进行。

（6）严禁用手摸或用棉纱擦拭正在转动的刀具和机床的传动部位。清除铁屑时，只允许用毛刷，禁止用嘴吹。

（7）拆装立铣刀时，台面需垫木板，禁止用手托刀盘。

（8）装平铣刀、使用扳手扳螺母时，要注意扳手开口选用适当，用力不宜过猛。

（9）对刀时必须慢速进刀，刀接近工件时需用手摇进刀，不准快速进刀。正在走刀时不准停车，铣深槽时要停车退刀。快速进刀时，防止手柄伤人。

（10）吃刀不能过猛，自动走刀必须脱开工作台上的手轮，不准突然改变进刀速度。有限位撞块应预先调整好。

（11）当"工作台横向及各升降自动进给"手柄或"工作台纵向自动进给"手柄之一处于"停止"挡位时，才能拨动另一手柄至自动进给位置，接通自动进给运动。

3. 个人防护

高速切削时，操作者要戴防护眼镜。

（二）龙门铣床安全检查

1. 设备检查

（1）局部照明应采用安全电压。若采用220V的局部照明，应避免人体触及照明装置，而且灯具的金属外壳应保护接地（零）。

（2）工作台两端应设置防护挡板，以防止尘屑划伤床身导轨面。

（3）各工作机构内设置的滚珠式保险离合器应起过载保险装置的作用，即当工作机构过载时停止工作机构的传动，防止机件损坏。

（4）平衡装置必须安全可靠，使水平主轴箱在立柱导轨上的任何位置均能处于平衡状态。

（5）横梁夹紧装置应与电气控制配合，使横梁移动时夹紧装置自动松开，横梁不动时夹紧装置自动夹紧。

（6）主轴套筒夹紧装置应能夹紧主轴套筒，移动主轴套筒时必须先松开夹紧机构，铣切时应夹紧主轴套筒。

(7) 外露的传动装置均应设防护罩。

(8) 应有清理铁屑的专用工具。

(9) 操纵平台应有防护栏杆和底护板，栏杆高 800mm，底护板边高不低于 40mm。

(10) 操纵平台应防滑，扶梯应完好。

(11) 机床限位开关应齐全，并在适当的位置上固定牢靠。

(12) 机床的信号显示装置应完好。

(13) 应有专用的梯子和脚踏板，而且均应坚固，搁置稳当，表面防滑。

2. 行为检查

(1) 工作物件要用压板、螺丝或专用工具夹紧，使用一般的扳手不准加套管，以免滑脱伤人。

(2) 刀具一定要夹牢，否则不准开车工作。

(3) 工作前，要检查机床传动部分的运转情况，并将机床的挡板装好，才能运转。

(4) 开动主轴时，应先点动数下，确认正常后，才能开动主轴箱进给。

(5) 水平主轴箱向上快速移动或向上进给速度超过 375mm/min 时，两个水平主轴箱不应同时开动。

(6) 停车时，应先停止进刀，铣刀退出工件后再停止主轴旋转。

(7) 机床停车后，横梁应移至最低位置，并将两垂直主轴箱对称分布两侧。工作台应停在床身中间。

(8) 铣切各种工件，特别是粗铣时，开始应缓慢切削。

(9) 移动工作台或刀架时，应先松开固定螺丝。

(10) 装卸刀具时，应使用铜锤或木槌轻打，以防止刀具碎片飞出伤人。

(11) 在切削中，不准变速和调整刀具，禁止用手摸或测量工件，人体、头、手不准接近刀具。

3. 作业环境

机床地沟内应干燥，不得有铁屑、杂物或积水、积油。地沟盖板应完整、防滑。

十五、磨削加工安全要点

(一) 无心磨床安全检查

1. 设备检查

(1) 砂轮架应齐全、完好、固定可靠、调整方便，工作时应运行平稳、无异常噪声。

(2) 砂轮主轴的螺纹旋向必须与砂轮工作时的旋转方向相反。

(3) 主轴轴向止推装置必须安装牢固，能有效地控制主轴的轴向窜动。

(4) 进给机构的零件应齐全、完好、定位准确、固定可靠。

(5) 杠杆系统应操作灵活、零件齐全、装配牢固，不得有松动现象。

(6) 滚轮应安装正确、滚动灵活，不许在运转时夹紧工件。

(7) 冷却系统应能正常工作，在磨削工件和修整砂轮时能很好地进行冷却。挡板应齐全、完好，以防冷却液飞溅。

(8) 皮带传动装置和交换齿轮均应设置防护罩。砂轮防护罩应符合安全要求。

(9) 应设置木质脚踏板。

2. 行为检查

(1) 用手送磨削工件时，手离砂轮应在 50mm 以上，不要握得太紧。

(2) 用推料棒送料时，要用铅料棒，禁止用金属棒。

(3) 调整磨削量时，试磨工件不能少于三个。

(4) 修正砂轮时，要慢慢进刀，并给充分的冷却液，以防损坏金刚钻。

(5) 工件在砂轮中间歪斜时，要紧急停车。

(6) 磨棒料时，要求托料架与砂轮、导轮间的中心成一直线。严禁磨弯料。

(7) 工件没从砂轮磨出时，不准取出。手接工件，要迅速把工件握住，停止其转动。

(8) 料架上的工件要放好，以防滚掉下来伤人。

(9) 安装螺旋轮时，要戴手套，拿螺旋轮的端面内孔，不准拿螺旋轮的外面。

(10) 无心磨刀板的刃部要磨钝，以防割破手。

(11) 不得将超过规格的大料加入。发现大料时要立即取出，以防止发生事故。

(二) 平面磨床安全检查

1. 设备检查

(1) 电磁吸盘的联锁装置必须灵敏、可靠，在开动各电动机之前必须先把电磁吸盘的开关扳至"吸"的位置上。

(2) 操纵手柄、手轮应零件齐全、装配牢固、灵活好用。变速、换向机构应有明显的挡位标志牌及定位装置。

(3) 冷却系统应工作正常，不得有渗漏现象。工作台上应安设防护挡板，以防冷却液飞溅。

(4) 应有完好的纵向、横向行程限位装置。限位挡块所有螺钉、螺孔不得有滑丝、乱扣现象。

(5) 工作台四周的挡板必须安装牢固，不得任意拆卸，以防砂轮破碎或冷却液飞溅造成伤害。

(6) 砂轮防护罩应将砂轮卡盘和砂轮主轴端部罩住。砂轮在工作中一旦被破坏时，能有效地防止砂轮碎片飞出，以保护操作者的安全。

(7) 应设置木质脚踏板。

2. 行为检查

(1) 装卸工件时，要把砂轮升到一定位置方能进行。

(2) 磨削前，把工件放到磁盘上，使其垫放平稳。通电后，检查工件被吸牢后才能进行磨削。

(3) 一次磨多件时，加工件要靠紧垫好，并置于磨削范围之内，以防加工件倾斜飞出或挤碎砂轮。

(4) 进刀时，不准将砂轮一下就接触工件，要留有空隙，缓慢进给。

(5) 自动往复的平面磨床，根据工件的磨削长度调正好限位挡铁，并把挡铁螺丝拧紧。

(6) 清理磨下的碎屑时，要用专用工具。

(7) 立轴平磨磨削前应将防护挡板挡好。

(8) 磨削过程中禁止用手摸试工件的加工面。

(三) 螺纹磨床安全检查

1. 设备检查

(1) 设备应安装在专用的房间内，室内应有恒温装置，将室温保持在 (20±1)℃。

(2) 所有操作手柄必须定位准确、使用方便可靠，各零件齐全、完整。

(3) 应装有开启灵活、安放可靠的防护挡板，以防冷却油飞溅及油雾污染。

(4) 螺距调整装置应零件齐全、完好，并保证齿轮在运转过程中不松动。

(5) 砂轮主轴螺纹的旋向必须与砂轮工作时的旋转方向相反。

(6) 床头箱防护罩、螺距调整齿轮防护罩、床尾及其他部位的防护罩应符合安全要求。

(7) 必须有行程限位装置，其挡块的所有螺孔及螺钉不得有滑丝、乱扣现象。

(8) 砂轮防护罩应符合安全要求。

(9) 机床周围表面如无木质地板，则应设置木质脚踏板。

2. 行为检查

(1) 开车前将挡板挡好，调整好行程限位器，确实无误方可操作。

(2) 工件必须夹牢、顶针顶好、紧固方可开车。

(3) 加油、变换齿轮，必须停车。

(4) 电气系统要保持完好、干燥，防止冷却液溅到电器上发生触电事故。

(5) 必须对机床上的安全装置及防护罩加以爱护，不得拆卸。

(6) 机床运转中，不得进行测量工件或将手伸入机床各部位，以免发生意外。

(7) 工作时，必须开动吸尘器，以免对人体和机床造成损害。

(8) 应缓慢进刀，防止砂轮破裂。

3. 作业环境

(1) 房间周围不得有震源和热源，机床周围还应有防震层。

(2) 室内应保持清洁，地面不得有油污和积水。

(四) 曲线磨床安全检查

1. 设备检查

(1) 设备应装在专门的暗室里，室内应有恒温装置，并保持 (20±1)℃。

(2) 所有操纵手柄、手轮必须灵活、好用。各零件应齐全完整、装配牢固。

(3) 砂轮主轴螺纹的旋向必须与砂轮工作时的旋转方向相反。

(4) 皮带防护罩应齐全完好。

(5) 砂轮防护罩应符合安全要求。

(6) 机床周围若无木质地板，则应设置木质脚踏板。

2. 行为检查

(1) 工作前应开空车检查机床运转是否正常。

(2) 调换新砂轮后，首先应用木槌轻敲检查有无破裂。装夹砂轮时应加软垫压紧，装好后需开空车试转，检查砂轮有无破裂。

(3) 安装工件应牢固，安装时应将床面移至安全位置，并将光学镜头部分遮好。

(4) 开始工作时进刀量不宜过大，以防止砂轮破碎伤人。

(5) 加工完毕，应立即将光学镜头遮好。镜头玻璃面上有灰尘或油污，需用软绒布揩拭，在揩拭前应用高级汽油清洁。

(6) 应先启动吸尘器，运行正常后再启动机床。工作完毕后，应先切断机床电源，再切断吸尘器电源。

3. 作业环境

暗室内应保持清洁、空气新鲜，地面不得有油污和积水。

4. 个人防护

操作者应戴防护眼镜和口罩。

十六、镗削加工安全要点

(一) 卧式镗床安全检查

1. 设备检查

(1) 变速手柄及变换进刀手柄应操纵灵活、挡位分明、定位可靠。

(2) 主轴制动系统必须灵敏可靠。

（3）主轴箱、主轴以及平旋盘径向刀架的夹紧装置的螺钉及手柄应齐全、完好，螺纹不得有滑丝、乱扣现象。

（4）进给箱内应设有防止超负荷的送刀总保险装置，当送刀力超过 30kN 时保险装置应切断送刀。

（5）不得同时进行两种以上的进给运动。

（6）机床主轴的送刀、进刀与工作台之间应有联锁装置。

（7）镗床必须设有主轴箱。主轴、下滑座和上滑座的限位装置动作应灵敏可靠。

（8）所有操纵手柄、手轮应有明显的挡位标牌以及定位装置，其螺帽、螺栓应齐全、完好并固紧。

（9）三角胶带传动装置防护罩及主轴后盖板必须完好可靠。

（10）镗床紧靠工作台处应设有防护板，以防止切屑落入床身内。

（11）镗床应设置防护网或防护挡板，并搁置稳妥，以防止飞出的切屑伤人。

（12）应设置木质脚踏板。

（13）操作平台应有防滑站板和防护栏杆及底护板。

（14）主轴箱与平衡锤连接的钢丝绳必须完好，无明显磨损及锈蚀。

（15）导轨防护罩应安装正确、牢靠，保证滑座移动无阻。罩上不准站人和放置杂物。

2．行为检查

（1）每次开车及开动各移动部位时，要注意刀具及各手柄应在所需的位置上。扳快速移动手柄时，要先轻轻开动一下，看移动部位和方向是否相符。严禁突然开动快速移动手柄。

（2）机床开动前，检查镗刀应把牢、工件应夹牢固、压板必须平稳、支撑压板的垫铁不宜过高或块数过多。

（3）安装刀具时，紧固螺丝不准凸出镗刀回转半径。

（4）机床开动时，不准量尺寸、对样板或用手摸加工面。镗孔、扩孔时不准将头贴近加工孔观察吃力情况，更不准隔着转动的镗杆取东西。

（5）使用平旋刀盘式自制刀盘进行切削时，螺丝要上紧，不准站在对面或伸头察看，以防刀盘螺丝和斜铁甩出伤人，要特别注意防止绞住衣服造成事故。

（6）启动工作台自动回转时，必须将镗杆缩回，工作台上禁止站人。

（7）两人以上操作一台镗床时，应密切联系、互相配合，并由主操作人统一指挥部署。

（8）工作结束时，关闭各开关，把机床各手柄扳回空位。

3．作业环境

镗床周围的地坑应用盖板盖好。

(二）坐标镗床安全检查

1. 设备检查

（1）设备应安装在专用的房间内，室内一般应有恒温装置，室温为(20±1)℃。

（2）主轴升降操纵手柄应操纵灵活、挡位分明、定位可靠。

（3）主轴箱上、下移动手轮及主轴箱锁紧装置的螺钉、手柄等应齐全完好、动作灵活、作用可靠。螺钉不得有滑丝乱扣。

（4）工作台台面及导轨面禁放工具、量具或其他杂物。

（5）必须设有主轴电阻的滑动接点和工作台的限位装置。

（6）所有操纵手柄、手轮应有明显的挡位标牌以及定位装置。其螺栓、螺母应齐全、完好并固紧。

（7）机床上的照明灯应采用安全电压供电。照明变压器应有接地（零）保护。

（8）平型带防护罩应齐全、可靠。

（9）平衡主轴箱的平衡弹簧必须完好，有足够的弹性，能保持主轴箱的平衡。

（10）床身导轨面上的防护挡板必须齐全、安装牢靠，不得与其他零件发生摩擦。

（11）机床应有铁屑及冷却液的防护罩。

2. 行为检查

（1）装卸较重工件时，必须选用安全的吊具和方法，并轻起轻放。装卡螺栓以卡牢为宜，扳手不得加套管。

（2）需加工的工件必须有加工好的基准面，铸造的非加工面要喷漆或喷砂，待加工的表面必须先在其他机床进行过粗加工，待加工面不得有锈。

（3）设备所在室内温度应保持在允许范围内，同时避免阳光和其他热源直接照射。

（4）停车 8h 以上再开动设备时，先低速运转 3～5min，确认润滑系统及各部位运转正常后再开始工作。

（5）横梁、镗杆、套筒等移动前必须松开夹紧手柄，并再次擦净、注油、移动后仍需切实夹紧手柄。

（6）卡紧镗杆套筒时，必须将镗杆套筒伸出导轨以下或机头以下 40mm，否则压紧圈会压在滚珠轴承的盖上。

（7）禁止将金属物品放在机床导轨面或油漆表面上。

（8）设备上使用的工、卡、量具必须是标准的、符合机床要求的，垫块必须磨光。

（9）不允许用压缩空气或带纤维的擦拭材料擦机床，清扫地板时只许用吸尘器或拖布。

（10）要细心地使用光学装置，保持它的清洁，用完后立即罩上。严格禁止任意拆卸和调整光学装置及刻度尺，应定期用脱脂棉、无水酒精、麂皮擦洗。

（11）当工作台正在运动时，不得在快速运动时扳动离合器操纵手柄。

（12）禁止站或踏在工作物上。在工作台上校正工件和加工时，头部不可靠近或进入刀身回转范围内。

（13）下班前需将各手柄置于"空位"上，并切断电源。

3. 作业环境

坐标镗床附近不得使用风动工具及有大振动的机械工具和有灰尘飞扬的现象。

十七、砂轮机安全要点

（一）设备检查

1. 砂轮机的防护罩应符合国家标准。

（1）砂轮机的防护罩要有足够的强度（一般钢板厚度为1.5～3.0mm）和有效的遮盖面。悬挂式或切割砂轮机最大开口角度≤180°，台式和落地式砂轮机最大开口角度≤125°，在砂轮主轴中心线水平面以上开口角度≤65°。

（2）防护罩安装要牢固，以防止因砂轮高速旋转松动、脱落而伤人。

（3）防护罩与砂轮之间的间隙要匹配。新砂轮与罩壳板正面间隙应为20～30mm，罩壳板的侧面与砂轮间隙为10～15mm。

2. 挡屑板应有足够的强度且可调。

（1）砂轮防护罩开口上端应设可调整的挡屑板，挡屑板应牢固地安装在防护罩壳上，调节螺栓齐全紧固。

（2）挡屑板应有一定强度，能有效地挡住砂轮碎片或飞溅的火星。

（3）挡屑板的宽度应大于防护罩外圆部分宽度。

（4）挡屑板应能够自由调节。随砂轮的磨损，挡屑板与砂轮圆周表面的间隙应≤6mm。

（5）砂轮机防护罩在砂轮主轴中心水平面以上的开口角度≤30°时，可不设挡屑板。

3. 砂轮无裂纹、无破损。

（1）砂轮必须完好无裂纹、无损伤。安装前应目测检查，发现裂损，严禁使用。

（2）禁止使用受潮、受冻的砂轮。

（3）选用橡胶结合剂的砂轮不许接触油类，选用树脂结合剂的砂轮不许接触碱类物质，以防止降低砂轮的强度。

（4）不准使用存放超过安全期的砂轮，此类砂轮会变质。树脂结合剂的砂轮存放期为1年，橡胶结合剂的砂轮存放期为2年，以制造厂说明书为准。

4.托架安装牢固可靠。

（1）托架要有足够的面积和强度。

（2）托架靠近砂轮一侧的边棱应无凹陷、缺角。

（3）托架位置应能随砂轮磨损及时调整间隙，间隙应≤3mm。

（4）托架台面的高度与砂轮主轴中心线应等高或略高于砂轮中心水平面10mm。

（5）砂轮直径≤150mm时，砂轮机可不装设托架。

5.法兰盘与软垫应符合安全要求。

法兰盘的作用一是将电动机轴动力传到砂轮上，二是确保砂轮运行的稳定。若选用不当，可能会酿成砂轮的破裂。

（1）切割砂轮机的法兰盘直径不得小于砂轮直径的1/4，其他砂轮机法兰盘的直径应大于砂轮直径的1/3，以增加法兰盘与砂轮的接触面。

（2）砂轮左右法兰盘直径和压紧宽度的尺寸必须相等。形状大小不同或扭曲不平的法兰盘，当用螺母拧紧时，砂轮会因受力不均匀产生变形而破裂。

（3）法兰盘应有足够的刚性，压紧面上紧固后必须保持平整和均匀接触。

（4）法兰盘应无磨损、弯曲、不平、裂纹，不准使用铸铁法兰盘。

（5）砂轮与法兰盘之间必须衬有柔性材料（如石棉、橡胶板、纸板、毛毡、皮革等），其厚度为1~2mm，直径应比法兰盘外径大2~3mm，以消除砂轮表面的不平度，增加法兰盘与砂轮的接触面。

6.砂轮机运行转动时应平稳、无跳动，砂轮磨损量不超标且在有效期内使用。

（1）砂轮机架应具有一定的刚度和稳定性（装在紧固的地基上以防振动）。

（2）砂轮机运行时，应无明显的径向跳动。

（3）砂轮的旋转速度不得超过砂轮的圆周安全速度，否则离心力会超过黏合剂的黏结能力，造成砂轮破裂。砂轮工作线速度不应超过生产厂家规定的速度。

（4）砂轮磨耗到一定程度后必须更换，当砂轮磨损到直径比卡盘直径大10mm时应更换。

7.砂轮机金属外壳必须连接可靠，砂轮机控制电器应符合规定。

（二）行为检查

1.砂轮机要有专人负责，经常检查，以保证正常运转。

2.更换新砂轮时，应切断总电源，同时安装前应检查砂轮片是否有裂纹，若肉眼不易辨别，可用坚固的线把砂轮吊起，再用一根木头轻轻敲击，静听其声，金属声则优，哑声则劣。

3.安装砂轮时，螺母紧固得不得过松、过紧，使用前应检查螺母是否松动。

4. 砂轮安装好后，一定要空转试验 2～3min，其运转应平衡，保护装置应妥善可靠。测试运转时，应安排两名工作人员，其中一人站在砂轮侧面开动砂轮，如有异常，由另一人在配电柜处立即切断电源，以防发生事故。

5. 凡使用者要戴防护镜，不得正对砂轮，而应站在侧面。使用砂轮机时，不准戴手套，严禁使用棉纱等物包裹刀具进行磨削。

6. 开动砂轮时必须转速稳定后方可磨削。磨削刀具时应站在砂轮的侧面，不可正对砂轮，以防砂轮磨片破碎飞出伤人。

7. 同一块砂轮上，禁止两人同时使用，更不准在砂轮的侧面磨削，严禁围堆操作和在磨削时嬉笑与打闹。

8. 磨削时的站立位置应与砂轮机成一夹角，而且接触压力要均匀，严禁撞击砂轮，以免碎裂。砂轮只限于磨刀具，不得磨笨重的物料或薄铁板以及软质材料（铝、铜等）和木质品。

9. 磨刃时，操作者应站在砂轮的侧面或斜侧位置，不要站在砂轮的正面，同时刀具应略高于砂轮中心位置。不得用力过猛，以防滑脱伤手。

10. 砂轮不准沾水，要经常保持干燥，以防湿水后失去平衡，发生事故。

11. 不允许在砂轮机上磨削较大较长的物体，以防震碎砂轮飞出伤人。

12. 不得单手持工件进行磨削，以防脱落在防护罩内卡破砂轮。

13. 必须经常修整砂轮磨削面。当发现刀具严重跳动时，应及时用金刚石笔进行修整。

14. 磨削完毕，应关闭电源，不要让砂轮机空转。同时要经常清除防护罩内积尘，并定期检修更换主轴润滑油脂。

（三）作业环境

1. 砂轮机安装的地点应保证人员和设备的安全。

（1）多台砂轮机应安装在专用的砂轮机房内，单台可安装在人员流动较少的地方。

（2）砂轮机的开口方向应尽可能朝墙，不能正对着人行通道或附近有设备及操作的人员。

（3）如果砂轮机已经安装在设备附近，或通道旁的砂轮机，应在距砂轮机开口 1～1.5m 处设置 1.8m 金属网加以屏障隔离。屏护金属网的网孔为 10～20mm。

（4）砂轮机不得安装在有腐蚀性气体或易燃易爆场所。

2. 有两台以上（含两台）的砂轮机安装在同一房间内时，应配有除尘装置。

第九部分 电气设备安全要点

一、变、配电站

1. 变配电所应避免设置在有火灾、爆炸危险、空气污染或有剧烈震动的场所；变配电所一般采用砖结构建筑、水泥地面。

2. 变配电所与其他建筑物之间有足够的安全消防通道。直观检查消防车辆应能通行、调头、转弯。

3. 与爆炸危险场所、有腐蚀性场所的安全距离符合要求，一般不小于30m。

4. 地势不应低洼或有防积水措施；地面应高出周围地面150～300mm，以防积水。

5. 应设有能容纳全部变压器油量的储油池或排油设施；储油池内应填鹅卵石，排油设施应用混凝土构筑。

6. 变配电所室门应向外开，并采用轻型铁门或包有铁皮的木门；高低压门应向低压开；相邻配电室门应双向开；双向门可代替单向门。

7. 门、窗、孔应装设金属网；电缆沟、隧道、进户套管应有防小动物进入和防水措施，并用非可燃性材料作为电缆沟的盖板。

8. 户外变电所的变压器周围，其固定栅栏的高度大于或等于1.7m。变压器底部与地面之间应有大于或等于0.3m的距离。若装有两台变压器时，两者净距需大于或等于1.5m。

9. 高压配电装置可单独设置，当高压开关柜少于4台时可将高低压配电装置布置于同一室。若单列布置，两者距离应大于或等于2m。

10. 变压器室应通风良好，通风口用水泥或金属百叶窗，而且内侧加装网孔小于或等于10mm的金属网，以保证任何季节都能安全运行。

11. 变压器室的门应上锁，并挂"高压危险"的警示牌及安全色标。

12. 户内配电装置最小通道宽度：单排列的操作通道为1.5m，维修通道为0.8m；双排列的操作通道为2m，维修通道为1m。

13. 发电机间出入口的门应向外开启。

14. 绝缘工具（包括绝缘手套、绝缘棒、绝缘胶鞋等）齐全，定期试验，有报告和记录。

15. 长度大于7m的配电室应在配电室的两端各设一个出口。

16. 变电所配电室的出（入）口处，应装设防止小动物进入的装置。
17. 自备发电机房、配电室应设置消防应急照明灯具。
18. 电缆沟通入变配电所、控制室的墙洞处，应填实、密封。
19. 变配电室内应配备灭火器等消防器材或设施。
20. 变配电室内不得有无关杂物。

二、供电系统接地

1. 供电接地系统图。工厂应有全厂供电系统接地平面图和全厂电网接地系统资料，每个工房应有本工房的接地系统图。
2. 接地检测。每年应对接地电阻检测一次并有记录。
3. 接地线连接。接地线两端都应接地，接地线应连接可靠、防腐蚀，并有足够的机械强度或有附加保护。

(1) 大接地短路电流系统：$R \leqslant 2000/I$，当 $I > 400A$ 时 $R \leqslant 0.5\Omega$。

(2) 小接地短路电流系统：高低压设备共用时，$R \leqslant 120/I$，一般不大于 10Ω；仅用于高压设备时，$R \leqslant 250/I$，一般不大于 10Ω。

(3) 低压电力系统：并联运行电气设备的总容量为 100kV 以上时，$R \leqslant 4\Omega$；若不超过 100kV·A 时，重复接地电阻 $R \leqslant 10\Omega$。

(4) 每一个电网系统中必须有一处工作接地；每一电网支路末端必须高于终端重复接地；对较长的支路，每 1000m 必须重复接地。

(5) 重要用电入口处必须设重复接地；电网转弯处必须设一处重复接地。

三、开关电气设备

1. 油开关的油位应在上限与下限之间；油色正常、无渗漏；排气管应完好无损；油开关操作灵活、准确可靠，合闸机械指示正确；故障跳闸后的油开关，应检查套管有无断裂、引线有无烧伤、油箱有无变形；油开关和隔离开关的操作机构应有可靠的联锁装置，并保证合闸时只有先合隔离开关才能合上油开关，拉闸时先拉开油开关才能拉开隔离开关；隔离开关的瓷瓶和连接拉杆应无裂纹、无放电痕迹、销子无脱落。
2. 负荷开关只能用来切断和接通正常线路，其消弧装置应完好。合闸时，触头应动作一致，各相前后相差不应超过 3mm。
3. 负荷开关操作机构应灵活可靠；跌落式熔断器断开后，其带电部分距地面的垂直距离在室外应大于或等于 4.5m，室内应大于或等于 3m。
4. 跌落式熔断器应倾斜安装，与垂直线保持 15°～30°夹角。
5. 有爆炸、火灾危险及剧烈震动的场所，不能使用跌落保险。

6. 所有开关的各部件应完整无损，操作机构安全可靠，并有额定电压、电流值和分合位置的标志。

四、电压互感器、电容器

1. 一、二次侧均有熔断器保护（二次侧可用自动开关）。一次侧开关断开后，其二次回路应有防止电压反馈的措施。

2. 电压互感器如内部有噪声、放电声、烟味或臭味等异常情况时，应停电处理，不得用隔离开关断开故障回路，应切断上一级油开关。

3. 电流互感器的二次回路导线截面为 2.5mm^2，无中间接头号，连接可靠，而且不得装设开关或熔断器。

4. 电容器不得装在高温、多尘、潮湿及有易爆易燃和腐蚀性气体的场所。

5. 当电容器外壳严重漏油、鼓肚、瓷套管严重放电、闪络响声或严重过热时，应立即退出运行。

6. 电容器室应有温度指标，室温不得超过 40℃，否则应装机械通风。电容器外壳温度不超过 60℃。

7. 运行中的电容器组，三相电流应保持平衡，相间不平衡电流不应大于 5％。

8. 电容器组应有欠压保护，当母线电压低到额定值的 60％左右时能从电网中自动切除。

9. 户外落地安装的电容器，下层电容器低部距地面应大于或等于 0.4m，地面应有防潮措施，四周应设网孔不大于 20mm×20mm 网状遮栏，高度大于或等于 1.7m。电容器室应通风良好，进风窗应装网孔不大于 10mm×10mm 的钢网。

10. 电容器应有可靠的短路保持装置和超负荷装置；电容组应装放电回路。禁止带电荷合闸。电容器停止运行后，至少放电 3min 方可再次合闸。

五、电动机

1. 运行参数。

电动机的电压、电流、频率、温升等运行参数应符合要求。

2. 电动机的各项绝缘指标应符合要求，应定期进行绝缘检查。

3. 电动机的保护应当齐全。

(1) 用熔断器保护时，熔体额定电流应取为异步电动机额定电流的 1.5 倍（减压启动）或 2.5 倍（全压启动）。

(2) 用热继电器保护时，热元件的电流不应大于电动机的额定电流的 1.1～

1.25 倍。

(3) 电动机最好有失压保护装置，重要的电动机应装设缺相保护单元。

(4) 电动机的外壳应根据电网的运行方式可靠接零或接地。

4. 维护和维修。

(1) 电动机应定期进行检修和保养工作。日常检修工作包括清除外部灰尘和油污，检查轴承并换补润滑油，检查润滑油、滑环和整流子并更换电刷，检查接地（零）线，紧固各螺丝，检查引出线连接和绝缘，检查绝缘电阻等。

(2) 启动设备应与电动机同时检修。交流电动机大修后的试验项目包括测量各部位的绝缘电阻，500kW 以上的电动机测量吸收比，定子绕组和绕线式转子绕组进行交流耐压试验（40kW 以下只用摇表测绝缘电阻），定子绕组进行极性测定、空载试验，高压 500kW 以上者进行直流耐压试验。

5. 电动机应保持主体完整、零附件齐全、无损坏并保持清洁。

6. 除原始技术资料外，还应建立电动机运行记录、试验记录、检修记录等资料。

六、移动电具和低压电器

1. 绝缘电阻不应小于 2MΩ，引线和插头应完整无损。

2. 引线必须用三芯（单相电具）、四芯（三相电具）坚韧橡皮线或塑料护套软线，截面至少 $0.5mm^2$，引线不得有接头，不宜过长，一般不超过 5m。

3. 所有移动电具宜装漏电动作电流小于或等于 30mA、动作时间不大于 0.1s 的漏电保安器。

4. 36V 以下的低电压线路装置应整齐清楚，所有的插座必须为专用插座。

5. 所有灯具、开关、插销应适应环境的需要，如在特别潮湿、有腐蚀性蒸气和气体、有易燃易爆的场所和户外等处，应分别采用合适的防潮、防爆、防雨的灯具和开关。

6. 局部照明及移动式手提灯工作电压应按其工作环境选择适当的安全电压。机床或钳工台上的照明灯应用 36V 及以下的低电压；锅炉、蒸发器和其他金属容器内的行灯电压不允许超过 12V。

7. 低压灯的导线和电具绝缘强度不低于交流 250V；插座或开关应完整无损，安装牢固，外壳或罩盖应完好，操作灵活，接头可靠；露天的灯具、开关应采用防雨式，安装必须牢固可靠。

七、临时电源线

1. 易燃易爆场所严禁接临时线。

2. 不乱拉、乱接临时线、临时灯，生产需要应办理临时线申请手续，定期检查，过期拆除。

3. 临时线为绝缘良好的橡皮线，悬空和沿墙敷设。架设时户内离地高度不得低于2.5m，户外不得低于4.5m，跨越道路时应大于6m。

4. 临时线与设备、水管、热水管、门窗等距离应在0.3m以外。

5. 临时线保护接地线应可靠。

6. 临时线路应设一总开关，每一分路应设置与负荷相匹配的熔断器。

7. 临时线必须绝缘良好，导线截面应与负荷匹配。

八、架空线及户内外布线

1. 导线截面必须满足机械强度的要求。导线的线距与周围设施的距离、过路时对地高度应符合有关规定。

2. 架空线严禁跨越易燃建筑的屋顶。

3. 拉线要装在架设导线反方向的着力点上或线路不平衡张力合力的作用点上。拉线与线路的方向应对正。角度拉线应与线路的分角线对正。防风拉线与线路垂直。

4. 电杆与拉线的夹角不小于45°，受环境限制时应不小于30°。

5. 不同线路共杆时，低压线在高压线下方，对10kV的直线杆两端间距不小于1m。通信广播线路在低压线路下方，其间距不小于1.5m。低压线路多层排列，直线杆层间距离不得小于0.6m，相邻导线间距不小于0.4m，分支或转角不小于0.3m。

6. 三相四线供电系统中零线截面不小于该线路相线截面的一半，而且不小于最小允许截面，单相制的零线截面与相线截面相同。

7. 不同电压、不同频率的导线不允许穿入同一金属管内（同一设备和同一机组所有回路电压在66V以下，三相四线制照明回线除外）。

8. 金属管布线时，管内及管口须光滑无毛刺，布线时注意不得损坏绝缘层，并可靠接零或接地。

9. 电缆对地面和建筑物的最小允许距离：

(1) 直埋电缆的埋置深度（由地面至电缆外皮）1～35kV为0.7m。

(2) 电缆外皮与建筑物的地下基础为0.6m。

10. 电缆相互接近时的最小净距：

(1) 10kV以下电缆之间为0.1m，10～35kV之间应不小于0.25m。

(2) 不同部门使用的电缆，包括通信电缆，相互间为0.5m。

11. 电缆与地下管道间接近和交叉的最小允许距离：

(1) 电缆与热力管道接近时的净距为2m，交叉时为0.5m。

(2) 电缆与其他管道接近或交叉时的净距为 0.5m。

12. 电缆相互交叉时的净距为 0.5m。

13. 铠装电缆或铅包、铝包电缆的金属外皮在两端应可靠接地，接地电阻应不大于 10Ω；电缆穿越路面和建筑物及引出地面高度在 2m 以下的部分均应穿在保护管内，保护管内径应不小于电缆外径的 1.5 倍；敷设电缆的地面应装设走向标志，以利于运行和检修。

14. 户内、外明线装置的导线，穿过墙壁应用瓷管、钢管或塑料保护，穿过楼板应用钢管或硬塑料管保护。通向户外的塑管应一线一管。在两条线路交叉时，贴近敷设面的一条线路的导线上应套绝缘管。

九、防雷和接地保护

1. 装有避雷针的建筑物上严禁架设低压线、通信线和广播线。

2. 避雷针的安装应满足机械强度和耐腐蚀的要求。避雷针宜用直径不小于 25mm、壁厚不小于 2.75mm 的钢管或直径不小于 20mm 的圆钢，并镀锌。

3. 避雷针连线应用截面大于或等于 35mm^2 的镀锌钢纹线。

4. 避雷带或避雷网宜用镀锌钢材。圆钢最小直径为 8mm，扁钢厚度不小于 4mm，截面不小于 60mm^2。

5. 阀形避雷器应垂直安装，其密封良好，瓷件封口及胶合处无破裂，轻摇其内部无不正常响声。拉地引下线如为铜线，应大于或等于 16mm^2；如为铝线，应大于或等于 25mm^2。

6. 防雷装置应定期进行检查和预防性试验，接闪器及引下线等如腐蚀 30% 以上应更换。

7. 中性点不直接接地的三相三线供电系统应采用接地保护。

8. 中性点接地的三相四线制供电系统应采用接零保护，变压器中性点工作接地，架空分支线和干线沿线每公里及终端处应重复接地。

9. 接零保护的低压供电系统中电缆和架空线引入的配电柜处应重复接地。不许在零线上装设熔断器和开关。

10. 同一低压供电系统中，不应一部分设备外壳接零，另一部分接地保护。

11. 凡因绝缘破坏而可能带有危险电压的电气设备及电气装置，其金属外壳和框架应可靠接地，接地电阻小于或等于 4Ω。

12. 接地体应镀锌，其截面应符合下列规定。

(1) 防雷接地体最小截面：圆钢直径 10mm；角钢 50mm×50mm×5mm；扁钢厚 4mm，截面 100mm^2；钢管厚 3.5mm，直径 50mm。

(2) 一般接地体最小截面：圆钢直径 8mm；角钢厚 4mm；扁钢厚 4mm，截面 48mm^2；钢管厚 3.5mm^2。

（3）一般接地装置的接地干线最小截面：圆钢直径 6mm；角钢厚 3mm；扁钢截面 24mm^2。

13. 工艺装置内露天布置的塔、容器等，当顶板厚度等于或大于 4mm 时可不设避雷针、线保护，但必须设防雷接地。

14. 可燃气体、液化烃、可燃液体的钢罐必须设防雷接地，并应符合下列规定：

（1）甲$_B$、乙类可燃液体地上固定顶罐，当顶板厚度小于 4mm 时，应装设避雷针、线，其保护范围应包括整个储罐。

（2）丙类液体储罐可不设避雷针、线，但应设防感应雷接地。

（3）浮顶罐及内浮顶罐可不设避雷针、线，但应将浮顶与罐体用两根截面不小于 25mm^2 的软铜线做电气连接。

（4）压力储罐不设避雷针、线，但应接地。

15. 可燃液体储罐的温度、液位等测量装置应采用铠装电缆或钢管配线，电缆外皮或配线钢管与罐体应做电气连接。

16. 突出屋面的放散管、风管、烟囱等物体，其防雷保护应符合下列要求：

（1）金属物体可不装接闪器，但应和屋面防雷装置相连。

（2）在屋面接闪器保护范围之外的非金属物体应装接闪器，并和屋面防雷装置相连。

17. 防雷和接地装置必须定期经专业部门检测合格，并在检测有效期内。

十、静电

1. 要有效降低爆炸性混合物的浓度。采用通风装置或抽气装置及时排出爆炸性混合物。

2. 减少氧化剂含量，充填氮、二氧化碳或其他不活泼的气体以减少爆炸性气体混合物中氧的含量。

3. 在存在摩擦且容易产生静电的场合，生产设备宜于配备与生产物料相同的材料或采用位于静电序列中段的金属材料制成生产设备，以减轻静电的危害。

4. 选用导电性较好的材料可限制静电的产生和积累。

5. 在有静电危险的场所，工作人员不应穿着丝绸、人造纤维或其他高绝缘衣料制作的衣服，以免产生危险静电。

6. 降低摩擦速度或流速等工艺参数可限制静电的产生。

7. 增强静电消散过程。

设法增强静电的消散过程，可消除静电的危害。如在输送工艺过程中，在管道的末端加装一个直径较大的松弛容器，可大大降低液体在管道内流动时积累的静电。

8. 为了防止静电放电，在液体灌装、循环或搅拌过程中不得进行取样、检测或测温操作。进行上述操作前，应使液体静置一定的时间，使静电得到足够的消散或松弛。

9. 接地是消除静电危害最常见的方法，它主要是消除导体上的静电。金属导体应直接接地。

10. 绝缘体禁止接地。对于产生和积累静电的高绝缘材料，如经导体直接接地，则相当于把大地电位引向带电的绝缘体，有可能反而增加火花放电的危险性。

11. 增湿的方法不宜用于消除高温环境里的绝缘体上的静电。

12. 对爆炸、火灾危险场所内可能产生静电危险的设备和管道，均应采取静电接地措施。

13. 在聚烯烃树脂处理系统、输送系统和料仓区应设置静电接地系统，不得出现不接地的孤立导体。

14. 可燃气体、液化烃、可燃液体、可燃固体的管道在下列部位应设静电接地设施：

（1）进出装置或设施处。

（2）爆炸危险场所的边界。

（3）管道泵及泵入口永久过滤器、缓冲器等。

15. 可燃液体、液化烃的装卸栈台均应做电气连接并接地。

16. 汽车罐车和装卸栈台应设静电专用接地线。

17. 每组专设的静电接地体的接地电阻值宜小于 100Ω。

18. 除第一类防雷系统的独立避雷针装置的接地体外，其他用途的接地体均可用于静电接地。

19. 易产生静电的管道上阀门和法兰等要进行静电跨接。

十一、防爆电气设备

1. 防爆电气设备型号、防爆等级应满足使用环境危险物质类别与等级，其周围环境应清洁、无妨障设备安全运行的杂物。

2. 防爆电气设备固定应牢固可靠，设备外壳应完整、无裂纹及明显的腐蚀痕迹。

3. 各部螺丝及垫圈应齐全、无松动。

4. 防爆电气设备的进线装置应牢固可靠，密封完好，接线无松动、脱落现象，多余的进线口应密封。防爆电器盒的连接螺丝应上全、上紧。

5. 防爆电气设备的接地线应牢固可靠，无腐蚀、折断现象，铠装电缆的外绕钢带无断裂，应可靠连接。

6. 防爆电气设备上的联锁装置应完整，动作应可靠。

7. 充油型防爆设备油面应低于油面线。正压型防爆设备气源不应含有爆炸性混合物；风压应符合要求。

8. 危险场所临时线路及设备应符合防爆要求。

9. 防爆电气设备运行情况应正常，运行参数（电流、电压、压力、温度等）应符合规定。

10. 引入洞库的电源线应采用四联开关，不工作时应同时切断相线和保护零线。

11. 接线盒、进线装置、隔离密封盒、挠性连接管等设备应符合防爆要求。

12. 电机、电器、仪表以及设备本体的外壳腐蚀程度、紧固螺丝的防松装置、联锁装置应完好。

13. 充电型防爆电器的油面指示器、排油装置及气体泄放孔内部应完好、畅通、不漏油，安装应正确（倾斜度≤5°）。

14. 正压型防爆设备内部各处风压或气压应满足规定指标，压力继电器报警系统反应应灵敏。

15. 电缆或钢管配线不应有松动、脱落、损坏、腐蚀等现象。

16. 通讯、自动化线路在洞口应有切断装置。

17. 防爆电气设备接零、接地和重复接地符合要求，如接地连接应可靠、接地体设置应符合规定要求、无锈蚀、接地电阻应合格。

18. 防爆电气安全管理规定应健全、落实。

19. 应建立防爆电气设备技术档案及检修记录。

20. 应落实防爆安全技术考核制度。

21. 防爆接线盒螺丝应上全、上实。

22. 电动机的进线口应装设防爆挠性连接管。

23. 在爆炸性环境内，应采用低压流体输送用镀锌焊接钢管配线。

24. 在爆炸性环境内，应设置防爆插销作为检修电源。

25. 防爆区域内的所有电器必须全部是防爆型。

十二、其他电气安全要求

1. 不得单独进行设备巡视，巡视只准在高压设备遮栏外。也不准在变压器高压下面行走。

2. 电气设备检修必须采取停电验电，确认无电并进行放电和接地。装遮栏及悬挂安全标示牌。

3. 电气设备运行或检修应按规定穿戴绝缘鞋和绝缘手套、防护眼镜，使用绝缘垫及绝缘工具。

4. 电气检修应实行监护制，一人操作，一人监护。

5. 事故停电时，未采取安全措施不许进入遮栏和触及设备的导电部分。

6. 当发生人身触电和火灾事故时，立即切断电源，进行抢救。

7. 电气安全工具应配备齐全，并定期试验，按规定合格使用，用后应妥善保管。

8. 严格遵守电气安全操作规程，倒闸操作票和检修工作票制度，工作许可制度，工作监护制度，工作间断、终结制度，交接班制度和消防、设备管理制度及出入制度等。

9. 低压设备带电工作应设专人监护，相邻相的带电部分应用绝缘板隔开。禁用锉刀和金属尺等工具。

10. 外线电工遇有6级以上大风、大雨、雷电等情况，严禁登杆作业和倒闸操作。

11. 室内应配有二氧化碳、四氯化碳、干粉灭火器或沙箱，操作者对其应能熟悉使用。

第十部分 涂漆作业安全要点

一、设备安全要点

1. 浸涂作业场所不应设在低于周围场地的低洼处。涂漆作业的厂房一般采用单层建筑。涂漆区如布置在多层建筑物内，宜布置在建筑物上层。如布置在多跨厂房内，宜布置在外边跨。涂漆区内及入口处附近禁止明火和产生火花，应有禁止烟火的安全标志。涂漆作业房间的门应向外，而且室内应留有不小于1.2m宽的通道。

2. 与涂漆区相邻厂房之间的隔墙应为密实坚固的非燃烧体。隔墙上的门亦应是坚固的非燃烧体，并且有密封措施和自动关闭装置。涂漆区附近应放置足够数量的消防器材，并定期检查，保持有效状态。

3. 涂漆区内一般不设置电气设备。如必须设置时，应符合国家有关爆炸危险场所电气安全的规定，实现电气整体防爆。喷漆区的电气接线和设备应符合爆炸危险场所1区的规定。同时不得引入非防爆的临时电气设备。

任何位于喷漆室或喷漆房外附近规定的危险区域的电气接线和设备应符合2区爆炸危险区域的规定。正在进行喷涂作业的喷漆区不应使用任何便携灯。如喷漆区内无法用固定灯具照明的区域，在使用便携灯具时应符合1区的要求。

4. 喷漆室应是一个完全封闭或半封闭的、具有良好机械通风和照明设备的、专门用于喷涂涂料的房间或围护结构体。室内气流组织能防止漆雾、溶剂蒸气向外逸散，并使其集中安全引入排风系统。

喷漆室应有使用单位会同设计单位（或选用单位）和制造厂在各项设计性能指标检验和性能检测齐全的竣工验收资料。喷漆室应每年至少进行一次通风系统效能技术测定和电气安全技术测定，并将测定结果记入档案。喷漆室应设置安全通风装置和去除漆雾装置。大型喷漆室除应配置排风系统外，还应配置送风系统。

5. 喷漆室所在建筑物应按规定配置足够自动或手动灭火装置或灭火器，连续喷漆作业中的大型喷漆室、流平室、供调漆室应设自动灭火系统。大型喷漆室宜设置多点可燃气体检测报警仪，其报警浓度下限值应调整在所监测的可燃气体浓度（体积）爆炸极限下限的25%。

6. 喷漆区和爆炸危险区域2区（见GB 50058）内不应设置有引起明火、火花的设备和外表超过喷涂涂料自燃点温度的设备。大型喷漆室送风系统所配置的加热器，无论何种类型，均不得布置在室内。

7. 喷漆设备、烘干设备和通风系统应有连锁装置。当烘干设备处于运行或带电状态时，喷漆设备应自锁或整体移出。烘干设备运行前应移走喷漆室内所有的易燃和可燃液体。

8. 喷漆室应采用独立的排风系统。大型喷漆室除必须配置排风系统外，还应配置送风系统，冬季送风温度不得低于 12℃。喷漆室的排风管道不得与其他工艺用通风管道连接。喷漆室的排风管道和送风管道的设计、安装、使用应符合 GB 6515 的规定，电气装置必须符合其相应的电气防爆安全技术与管理的规定。

9. 喷漆室室体及与其相连接的送风、排风管道应采用不燃材料制备。室体内表面应平滑、连续而无棱角。喷漆室的地面应采用不产生火花的材料制备，或铺敷不产生火花的材料。

10. 大型喷漆室的内部高度不低于 2m。室内任何操作位置至作业人员出口应畅通无阻，如仅有一个出口，其宽度应不小于 0.9m，门应向外开。当工件出入口采用甲级防火卷帘门时，应具有断电时手动开启的装置。

11. 喷漆室或喷漆房的所有导电部件、送排气管、喷漆设备、被喷涂的工件、供漆容器及输漆管路均应可靠接地，设置专用的静电接地体，其接地电阻值应小于 100Ω。

静电喷漆室当采用非静电导体（如混凝土或石材等）制备室体时，为防止带电绝缘体对作业人员造成电击，利用设置在带电绝缘体附近的感应式静电消除器使空气电离，或在绝缘室体内配置适量导电材料，控制其静电电位在 5kV 以下。采用手工静电喷漆设备的静电喷漆室地面应铺设导电面层，其电阻值符合要求。静电喷漆室的其他防静电要求符合 GB 6514 的规定。

12. 与喷漆室配套的风机、泵、电动机、过滤器等部件易发生故障处，宜配置有声响或声光组合的报警装置，并与喷漆操作动力源连锁。配套的气管、水管、涂料管和电线管外观颜色应符合 GB 7231 的规定。

13. 喷漆室内操作和维修工作位置在室内地坪 2m 以上时，应配置供站立的平台和扶梯，以及防坠落的栏杆、安全网、防护板，并应符合相关规定。

二、行为安全要点

1. 喷漆作业人员应接受喷漆作业专业及安全技术培训后方可上岗。操作人员必须经过厂级、车间、班组的安全教育，对外来劳动、实习人员未进行安全教育不得进入喷漆房劳动，操作人员不得将手机、火柴、打火机等"火种"带入生产岗位。

2. 操作人员应穿纯棉织品工作服，不能穿带钉鞋进入生产岗位，车间各操作点不得使用化纤类织物的拖把、揩布等工具。不得将非防爆电器带入。

3. 喷漆作业人员工作时，工作场所空气中有毒物质容许浓度应符合 GB 6514 的规定。作业中应设专人定时测定密闭空间内空气中氧含量和可燃气体浓度，氧含量应在 18% 以上，可燃气体浓度应低于爆炸下限的 10%。

4. 局限空间内油漆作业至少配备两人以上共同操作。若作业场所过于狭小，仅能容纳单人操作时，另外一人应负责监护。

5. 喷漆作业中使用的劳动防护用品应符合 GB 7691 的有关规定。喷漆操作中使用的物料不得与皮肤接触，宜采用防护服、防护眼镜或长管面具与人体隔离。操作时必须戴上防护眼镜、防护面具和防护手套，以防油漆等溅入眼中。

6. 多支喷枪同时作业，应拉开间距（5m 左右），并按一定的、同一方向进行喷涂。任何时候不准将喷枪嘴对着别人及自身；不得用手指触摸喷嘴或窥视枪口；喷枪头不能松动；清扫喷枪时，要切断泵驱动源，放掉压力，并使安全装置销往喷枪，才能进行清扫；喷枪停止使用时，必须把安全闩销住。

7. 特涂作业，其喷涂设备及软管应设专人管理。若设备出现故障或有异常情况，首先通知人员撤出舱外，并由维修职员检验。

8. 静电喷漆时，作业人员应穿导电鞋，并符合 GB 4385 的规定。

9. 喷漆作业结束后，操作工必须将剩漆等加盖装箱保管好，吸尘风机应继续工作 10min。应及时对工作场所进行清理，将剩余的涂料和溶剂及时送回仓库，不准随便乱放。喷漆操作中所用溶剂或稀释剂不得当作皮肤清洁剂使用。

10. 涂漆区内停止作业维修喷漆室时，如需采用电焊、气焊、喷灯等明火作业，必须经企业安技部门审查批准，严格执行动火安全制度，遵守安全操作规程。并彻底清除室体内和排风管道内的可燃残留物，配置足够的灭火器材。

三、作业环境安全要点

1. 喷漆室排出空气中的漆雾和溶剂蒸气，当影响四周环境空气质量时，应经净化处理，使其应达到 GB 16297 的有关规定，再排入大气。人口密集和对环境有特殊要求的地区，有害气体的排放量应符合地方标准的要求。

2. 喷漆室的各个噪声源部件及其风管、水管应采取减振、隔振、消声和隔声措施，使其噪声级对操作位置的影响不得大于 85dB（A）。对四周环境及居民区有影响时，应采取噪声综合治理措施，并符合 GB 3096 的规定。

3. 在以水为排毒介质的喷漆室应设置气水分离器和集水池，气水分离器宜设置检修门，集水池宜设置稳定水位装置。集水池内宜加入弱碱性漆雾凝聚剂，并设置供集块状漆渣排出的排渣口。

4. 喷漆室内各种可燃残留物及受其污染的垃圾，以及沾有涂料和溶剂的棉纱、抹布等物料，必须及时清理，放入带盖的金属桶内，妥善处理。

5. 喷漆室室体内壁、管道内外表面和用固体材料为排毒介质的漆雾去除装置的气流通流部分所残留的各种可燃积聚物，必须及时清除。清除时用刮板、刮刀或其他类似工具，必须选用不发生火花的材料制作。

第十一部分 冶金、铸造安全要点

一、通用部分

1. 冶炼、铸造等生产环节冷却水系统不得有泄漏。出钢、倒渣、浇铸地面应保持干燥，不得有积水。吊运铁水、钢水等液态金属应使用冶金专用的铸造起重机。起重和吊运铁水、钢水、铜水、铝水等液态金属专用设备的设计单位资质、选型配套、制造和安装企业资质、运行和安全管理，应符合安全规程要求。

2. 冶炼、铸造生产过程中，熔融金属和高温物质与水、油、汽等物质的隔离防爆措施应落实到位。高炉、转炉、电炉平台下方及铸钢车间内不得设置休息室、更衣室、会议室等人员集中场所。

3. 高炉风口平台、炉身、炉顶等区域煤气、冷却壁、炉皮、炉顶设备装料系统、制粉喷煤系统及热风炉等危险部位和区域，应处于受控安全状态。

4. 转炉、精炼炉、均热炉的炉体冷却、倾翻、烟气回收等工艺环节应处于受控安全状态，应严格执行煤气生产、储存、输送、使用环节防泄漏、中毒窒息、爆炸的安全管理制度，煤气管线、水封高度、泄漏报警监控和防护设施应符合安全规程要求。

5. 有色金属冶炼过程中涉及天然气、氧气、氮气、氩气等气体的生产、储存、输送、使用，要有防泄漏、中毒、窒息、火灾爆炸等防范制度的执行情况，各种监控和防护设施应符合相关安全规程的要求。

6. 金属冶炼生产过程中涉及高温、高压、酸、碱使用环节，要有预防烧烫伤、中毒、外泄等防范制度并严格执行，为员工配备符合要求的劳动防护用品。

7. 作业现场设置防范各类机械伤害、防触电事故安全防护设施、安全警示标志、监控报警、联锁和自动保护装置。

8. 高炉、电炉、化铁炉、熔炉、钢水包、铁水包内耐火砖炉衬等易被高温熔液侵蚀，应定期检查并要有记录。炉衬使用不得小于规定厚度，使用寿命不得超过规定炉龄或包龄，以防止铁水、钢水等金属熔液泄漏。

二、高炉安全要点

（一）上料系统检查

1. 矿槽、焦仓等处栏杆、梯子、孔、洞应全部封好。矿槽、焦仓应全部安装箅子。皮带机、振动筛等传动设备应全部有防护罩，皮带机应配有安全绳、开车响铃、紧急开关等。

2. 各转运站、矿槽上、下料口，振动筛等产尘点应有除尘设备。焦仓下应有安全防护措施，各危险部位应有安全警示标志。

3. 上料卷扬操作室应有报警装置。上料斜桥下边应有防护网。上料卷扬机的行程限位等安全防护设施应齐全、完好。上料卷扬机房安全防护栏等应完好。

4. 上料系统料坑上面应有装料指示灯，应有两个出入口，应用良好的照明及躲避危害的安全区域。敞开的料坑应设围栏，在有供电滑线的料车上卸料应有防止触电的措施。

5. 料车应用两条钢丝绳牵引并应有行程极限、超极限双重保护装置和高速区、低速区的限速保护装置。卷扬机室应设与中控室（高炉值班室）和上料操作室联系的电话和警报电铃。

6. 电磁盘吊应有防止断电的安全措施。

（二）炉顶设备检查

1. 炉顶应至少设置两个直径不小于0.6m、位置相对的人孔；应保证装料设备的安装精度，不应泄漏煤气；钟式炉顶的设备应实行电气联锁，并应保证大、小钟不能同时开启；均压及探料尺不能满足要求时，大、小钟不能自由开启；大、小钟联锁保护失灵时，不应强行开启大、小钟。

2. 无料钟炉顶温度应低于350℃，水冷齿轮箱温度应不高于70℃。料罐、齿轮箱等，不应有漏气和喷料现象。炉顶系统设备安全联锁应符合安全规程的要求。

3. 按照操作方法平衡好炉温和炉渣碱度，以保证炉况顺行，减少炉况失常以及悬、崩料。

4. 炉顶液压站应有防火措施、灭火装置，液压站无漏油现象，电气设备应符合防火防爆要求。炉顶各层平台栏杆应齐全，孔、洞应有防护设施。

5. 各蒸汽包、集气包、氧气分气包应有资质厂家制造，应经检验有合格证。

6. 炉顶的煤气、氮气无泄漏现象，炉顶按规定有安全防护，有警示标识。

（三）高炉主体检查

1. 炉体无裂纹、变形、开裂、基础下沉现象。炉皮开裂的护炉方案，应制定有保护人员和设备安全的安全措施。

2. 高炉突然断风，应按紧急休风程序休风，同时出净炉内的渣和铁。高炉应有事故供水设施。高炉生产系统（包括鼓风机）突然停电时，应按紧急休风程序处理。

3. 人员进入高炉炉缸作业前，应拆除所有直吹管，有效切断煤气、氧气、氮气等危险气源，并认真做好监护、检测和通风措施。

4. 出铁、出渣以前，应做好准备工作，并发出出铁、出渣或停止的声响信号；水冲渣的高炉，应先开动冲渣水泵（或打开冲渣水阀门）。

5. 摆动溜嘴往两边受铁罐受铁时，摆动角度应保证铁水流入铁水罐口的中心；接班时应认真检查开关、机械传动部分、电机、减速机、溜嘴工作层等，发现异常及时处理。停电时应按规定操作摆动溜嘴。

6. 转鼓渣过滤系统应做到设备无异常，粒化头无堵塞，接受槽格栅无渣块，高低沟、渣闸正常，热水槽无积渣，地坑无积水，管道阀门无泄漏，胶带运行平稳、无偏离，事故水位正常；正常生产时，系统设备的运转应实行自动控制。

7. 吊运铁水或液渣，应使用带有固定龙门钩的铸造起重机。起重机应标明起重吨位，并应设有限位器、缓冲器、防碰撞装置、超载限制器、联锁保护装置等。

8. 高炉工业蒸汽集汽包、压缩空气集气包、氮气储气罐、喷煤系统的中间罐与喷吹罐、汽化冷却汽包以及软水密闭循环冷却的膨胀罐等，其设计、制造和使用应符合国家有关压力容器的规定。汽包的液位、压力等参数准确显示在值班室。

9. 高炉风口及以上平台，应设固定式一氧化碳监测报警装置。高炉内衬耐火材料、填料、泥浆等，应符合设计要求。应设有集中监视和显示的火警信号。

10. 水冲渣应有备用的电源、水泵；水冲渣应有改向渣罐放渣或向干渣坑放渣的备用设施。渣、铁沟应有供横跨用的活动小桥。撇渣器上应设防护罩，渣口正前方应设挡渣墙。

11. 碾泥机应专人操作，并有自动联锁控制和信号；碾泥机、搅拌机及供料设备，应有防护装置；碾泥机室，应有良好的通风除尘设施和必要的装卸机械。碾泥机之间、进出料口周围以及碾泥机下面的传动部件，应留有检修、运输及操作空间。

12. 泥炮和开口机操作室，应能清楚地观察到泥炮的工作情况和铁口的状况，并应保证发生事故时操作人员能安全撤离。

13. 铸铁车间的铁罐道两侧，应设带栏杆的人行道；操作室应采取隔热措施，室内应有通讯及信号装置。操作室窗户应采用耐热玻璃，并设有两个方向相对、通往安全地点的出入口。

14. 炉前出铁场应设防雨天棚，应采用钢结构支柱。水冲渣的高炉，应有单独的水冲渣沟。铁沟、渣沟应砌筑好，并按规定烘烤合格。铁沟、渣沟安全过桥应安装好，挡渣、挡火墙应符合规定。冲渣口的安全防护设施应完好。

15. 富氧房应设有通风设施，富氧房及院墙内不应堆放油脂和与生产无关的物品。

16. 炉基周围应清洁、干燥。风口、浇口、炉口应严密，无漏煤气的现象。炉体及冷却壁无漏煤气现象。

（四）热风炉检查

1. 热风炉区域照明应防火防爆，各种管道、阀门应严密，应有煤气泄漏报警装置，煤气放散管高度应符合要求。

2. 热风炉的各层平台及通道应清理干净，应有两条通道，栏杆梯子应齐全完好符合规定，孔洞应有安全防护措施。

3. 热风炉煤气总管应有可靠的隔断装置，煤气支管应有煤气自动切断阀，热风炉管道及各种阀门应严密，热风炉与鼓风机站之间、热风炉各部位之间，应有必要的安全联锁。

4. 热风炉的各种阀门安全联锁应齐全有效，突然停电时阀门应全部打到安全位置，放风阀应设在冷风管道上，应在中控室操作，放风时应有风压表。

5. 热风炉混风调节阀前应设切断阀。

6. 热风炉炉顶温度和烟气换热器的入口温度应有温度保护。

（五）煤气系统

1. 喷吹煤粉规定，喷吹无烟煤时，煤粉制备系统、喷吹系统及制粉间、喷吹间内的设备、容器、管道和厂房，均应采取安全防护措施；喷吹烟煤（混合煤）时，氧气含量、温度、储存时间、水雾式灭火还应符合有关规定。

2. 煤粉仓、储煤罐、喷吹罐、仓式泵等设备的泄爆孔，泄爆孔的朝向应不致危害人员及设备。

3. 烟煤及混合煤喷吹系统，烟煤制粉系统应采用惰化气体作干燥介质，应设氧含量和一氧化碳浓度在线监测装置，并实现超限报警和自动惰化。用于喷吹的氧气管道阀门及测氧仪器仪表，应灵敏可靠，并制定专门的氧煤喷吹安全措施。氧煤枪供氧系统应具有自动转换或充氮保护功能。

4. 连接富氧鼓风处，应有逆止阀和快速自动切断阀；吹氧系统及吹氧量应能远距离控制；对氧气管道进行动火作业，应事先制定动火方案，办理动火手续，并经审批后，严格按方案实施。

5. 煤气区域的值班室、操作室等人员较集中的地方，应设置固定式一氧化碳监测报警装置；进入煤气区域作业的人员，应配备便携式一氧化碳报警仪。一氧化碳报警装置应定期校核。

6. 高炉煤气净化设备应布置在宽敞的地区，保证设备间有良好的通风。各单体设备（洗涤塔、除尘器等）间的净距不应少于2m，设备与建筑物间净距不应少于3m。

7. 气力输送系统中的储气包、吹灰机或罐车，均应设有安全阀、减压阀和压力表，其设计、制造和使用应符合国家现行压力容器的有关规定。

8. 使用表压超过 0.1MPa 的油、水、煤气、蒸汽、空气和其他气体的设备和管道系统，应安装压力表、安全阀等安全装置，并标明各种阀门处于开或闭的状态；各类能源介质管道阀门的末端应挂牌标明介质名称。

9. 荒煤气系统煤气管道应维持正压，煤气闸板不应泄漏煤气；高炉煤气管道的最高处，应设煤气放散管及能在地面或操作室里控制的阀门。

10. 荒煤气系统除尘器应设带旋塞的蒸汽或氮气管头，其蒸汽或氮气管道应与炉台蒸汽包连接，且不应堵塞或冻结。高炉重力除尘器，其荒煤气入口的切断装置，应采用远距离操作。

11. 过剩煤气必须点燃放散，放散管管口高度应高于周围建筑物，且不低于50m，放散时要有火焰监测装置和蒸汽或氮气灭火设施。

12. 高炉重力除尘器应有防止放灰时泄露煤气的中间罐。布袋除尘器每个箱体应能够单独可靠切断，每个箱体都设有放散装置，放散高度符合要求。布袋除尘器的泄爆装置应符合安全要求。布袋除尘器放灰应有防止煤气泄漏的措施，布袋除尘器的各层平台应有防爆照明。

（六）电气安全

1. 炼铁系统的电源应采用双路独立电源供电。高炉及上料系统电线、电缆应采取阻燃、防护措施。电气设备的金属外壳应采取保护接地或保护接零。

2. 按规定设置工作照明、事故照明、检修照明，行灯应采用规定的安全电压。高构筑物应采取防雷接地措施。

3. 电气室（包括计算机房）、电缆夹层，应设有火灾自动报警器、烟雾火警信号装置、监视装置、灭火装置和防止小动物进入的措施；电缆穿线孔等应用防火材料进行封堵。

4. 产生大量蒸汽、腐蚀性气体、粉尘等的场所，应采用封闭式电气设备；有爆炸危险的气体或粉尘的作业场所，应采用防爆型电气设备。

5. 主要生产场所（出铁场、液压站、高压配电室、电气地下室、电缆夹层等）的火灾危险性分类及建构筑物防火最小安全间距，应符合《建筑设计防火规范》、《钢铁冶金企业设计防火规范》的规定。

6. 车间电气室、地下油库、地下液压站、地下润滑站、地下加压站等要害部门，其出入口应不少于两个（室内面积小于 $6m^2$ 而无人值班的，可设一个），门应向外开。

7. 计算机房应安装正压通风设施，大、中型计算机房应设准确可靠的火灾自动报警装置和灭火装置，小型计算机房应配备灭火装置。

（七）作业安全

1. 炉前休息室、浴室、更衣室应设在安全区域，不应设在风口平台和出铁场的下部，其门窗应避开铁口、渣口。

2. 操作室、值班室不应设在热风炉燃烧器、除尘器清灰口等可能泄漏煤气的危险区；也不应在氧气、煤气管道上方设置值班室。

3. 在设有强制通风以及自动报警和灭火设施的场所，风机与消防设施之间，应设安全联锁装置，应选用防爆或隔离火花的安全仪表。

4. 厂区各类横穿道路的架空管道及通廊，应标明其种类及下部标高；当管道下方有高温物质运输经过的，必须有隔热措施；动力、照明、通讯等线路，不应敷设在氧气、煤气、蒸汽管道上。

5. 在矿槽上及槽内作业前应与槽上及槽下有关工序取得联系，并索取其操作牌；矿槽、焦槽发生棚料时，不应进入槽内捅料。

6. 煤气管道应设有可靠的隔断装置；需要检修的煤气设备设可靠的软连接。带煤气作业如带煤气抽堵盲板、带煤气接管、操作插板等危险工作，不应在雷雨天进行，不宜在夜间进行；作业时应有煤气防护站人员在场监护。

7. 进入设备检修前，应确认切断煤气来源，必须用蒸汽、氮气或合格烟气吹扫和置换煤气管道、设备及设施内的煤气，不允许用空气直接置换煤气；煤气置换完后用空气置换氮气和烟气，然后进行含氧量检测，含氧量合格，确认安全措施后，方可进入。

8. 对煤气设备进行定期检修，每次检修应有相关记录档案。检修时，应有相应的安全措施。开、停炉及计划检修期间，应有煤气专业防护人员监护。

9. 高炉应安装环绕炉身的检修平台，平台间的走梯不应设在渣口、铁口上方。应对整个炉基进行自动连续测温，热风炉主要操作平台应设两条通道。

10. 起重机同一时刻只应一人指挥，指挥信号应符合要求。吊运重罐，起吊时应进行试重，人员应站在安全位置，并尽量远离起吊地点。

11. 起重吊物不应从人员和重要设备上方越过；吊物上不应有人，也不应用起重设备载人。

12. 按规定对设备设施进行验收，确保使用质量合格，符合安全要求。建立设备设施验收和设备设施拆除、报废的管理制度。

三、电炉炼钢安全要点

（一）厂（车间）的布置

1. 炼钢主车间的布置应综合考虑各种物料的流向，保证其能顺畅运行，互不交叉、干扰，并尽可能缩短铁水、废钢及钢坯（锭）等大宗物流的运输距离。

2. 炼钢主车间与各辅助车间（设施），应布置在生产流程的顺行线上；铁水、钢水与液体渣，应设专线（或专用通道）运输。

（二）厂房

1. 电炉、铁水储运与预处理、精炼炉、钢水浇注等热源点周围的建、构筑物应采取相应的隔热、阻燃防护措施。

2. 炼钢主厂房的地坪，应设置宽度不小于1.5m、两侧有明显标志线的人行安全走道。

3. 厂房、烟囱等高大建筑物及易燃、易爆等危险设施，安装避雷设施，定期进行防雷检测并保持在检测有效期内。

4. 在厂房内的生产作业区域和有关建筑物的适当部位设置符合规定要求的

安全警示标志。

(三) 建、构筑物

1. 各种设备与建、构筑物之间，应留有满足生产、检修需要的安全距离。
2. 所有高温作业场所均应设置通风降温设施。
3. 主控室、电气间、液压站等易发生火灾的建、构筑物，应设消防给水系统与消防通道。
4. 电炉的炉下区域，应采取防止积水的措施；炉下漏钢坑应按防水要求设计施工；炉下地面应保持干燥；炉下热泼渣区地坪应防止积水，周围应设防护结构。
5. 所有平台、走梯、栏杆均应符合有关标准的规定。
6. 电炉主控室的布置，应确保在出现大喷事故时的安全；操作室应采取隔热防喷溅措施；电炉炉后出钢操作室，门、窗不应正对出钢方向。

(四) 散状材料

1. 入炉物料应有专人检查，含有水和其他有害物质的容器不得入炉，物料应保持干燥。
2. 具有爆炸和自燃危险的物料，如 CaC_2 粉剂、镁粉、煤粉等应储存于密闭储仓内，必要时用氮气保护；存放设施应按防爆要求设计，并禁火、禁水。
3. 车辆运行时，应发出红色闪光与轰鸣等警示信号。
4. 电动铁水、钢水和渣车的停靠处，应设两个限位开关。
5. 地下料仓的受料口，应设置格栅板。

(五) 废钢

1. 废钢应按来源、形态、成分等分类、分堆存放；人工堆料时，地面以上料堆高度不应超过 1.5m。
2. 入炉废钢内严禁夹带有密封、易爆、有害物，应有废钢拣选措施。
3. 废钢装卸作业时，电磁盘或液压抓斗附近不应有人；起重机大、小车启动或移动时，应发出蜂鸣或灯光警示信号。

(六) 铁水储运、处理设施

1. 铁水运输应用专线，不应与其他交通工具混行。
2. 混铁炉作业区地坪及受铁坑内，不应有水。
3. 起重机的龙门钩挂重铁水罐时，应有专人检查，应挂牢，待核实后发出指令，吊车才能起吊；吊起的铁水罐在等待兑铁水期间，不应提前挂上倾翻铁水罐的小钩。

(七) 铁水罐、钢水罐、渣罐

1. 使用中的设备，耳轴部位应定期进行探伤检测。凡耳轴出现内裂纹、壳体焊缝开裂、明显变形、耳轴磨损大于直径的 10%、机械失灵、衬砖损坏超过规定，均应报修或报废。

2. 渣罐使用前应进行检查，其罐内不应有水或潮湿的物料。

3. 吊运装有铁水、钢水、液渣的罐，应与邻近设备或建、构筑物保持大于1.5m的净空距离。

（八）铁水罐、钢水罐烘烤器

1. 烘烤器应装备完善的介质参数检测仪表与熄火检测仪。

2. 采用煤气（天然气）燃料时，应设置煤气（天然气）低压报警及与低压信号联锁的快速切断阀等防回火设施，并应设置可燃气体报警装置。

3. 采用氧气助燃时，氧气不应在燃烧器出口前与燃料混合，并应在操作控制上确保先点火后供氧。

（九）地面车辆

所有车辆，均应以设计载荷通过重车运行试验合格，方可投入使用。

（十）起重设备

1. 吊运铁水、钢水或液渣，应使用带有固定龙门钩的铸造起重机；电炉车间的加料吊车，应采用双制动系统。

2. 起重机械与工具应有完整的技术文件和使用说明；桥式起重机等起重设备，应经检测检验合格、登记注册方可投入使用。

3. 起重机械应标明起重吨位，应装设卷扬限位、起重量控制、行程限位、缓冲和自动联锁装置，以及启动、事故、超载信号装置，吊具应定期检验。

4. 起重机司机应由经专门培训、考核合格的专职人员指挥操作，同一现场应由一人指挥，指挥信号应符合要求。吊运重罐起吊时应进行试重，人员应站在安全位置，并尽量远离起吊地点。

5. 起重设备应严格执行操作牌制度。起重机启动和移动时，应发出声响与灯光信号，吊物不应从人员和重要设备上方越过；吊物上不应有人，也不应用起重设备载人。

（十一）设备与相关设施

1. 电炉最大出钢量应不超过平均出钢量的120%。

2. 设在密闭室内的氮、氩炉底搅拌阀站，应加强维护，发现泄漏及时处理；并应配备排风设施，人员进入前应排风，确认安全后方可入内，维修设备时应始终开启门窗与排风设施。

3. 电炉热喷补机的发送罐，其设计、制造、验收与使用，应符合压力容器规范的规定。

（十二）生产操作

1. 电炉开炉前应认真检查，确保各机械设备及联锁装置处于正常的待机状态，各种介质处于设计要求的参数范围，各水冷元件供排水无异常现象，供电系统与电控正常，工作平台整洁有序无杂物。

2．电炉通电冶炼或出钢期间，人员应处于安全位置，不应登上炉顶维护平台，不应在炉下区域通行。

3．维修炉底出钢口的作业人员与电炉主控室人员之间，应建立联系与确认制度。

（十三）钢包准备

1．钢包浇注后，应进行检查，发现异常，应及时处理或按规定报修、报废。

2．新砌或维修后的钢包，应经烘烤干燥方可使用。

（十四）铸模

1．铸锭平台的长度，除满足工艺要求外，还应留有一定的余量；其高度应低于有帽钢锭模的帽口和无帽钢锭模的模口，宽度应不小于3m。

2．浇注时开浇和烧氧应预防钢水喷溅，水口烧开后，应迅速关闭氧气；正在浇注时，不应往钢水包内投料调温；不应在有红锭的钢锭模沿上站立、行走和进行其他操作。

（十五）钢锭、钢坯处理

1．钢锭（坯）堆放高度应符合安全规程的规定。

2．钢锭退火时应放置平稳，确认退火窑内无人方可推车。

3．钢锭（坯）库内人行道宽度应不小于1m；锭（坯）垛间距应不小于0.6m。

（十六）供电与电气设备

1．供电应有两路独立的高压电源，当一路电源发生故障或检修时，另一路电源应能保证车间正常生产用电负荷。

2．电缆不应架设在热力与气管道上，应远离高温、火源与液渣喷溅区；电缆不得与其他管线共沟敷设。

（十七）动力管线

1．车间内各类燃气管线，应架空敷设，并应在车间入口设总管切断阀。

2．氧气与燃油管道不应共沟敷设。

3．氧气、煤气、燃油管道及其支架上，不应架设动力电缆、电线，供自身专用者除外。

4．不同介质的管线，应涂以不同的颜色，并注明介质名称和输送方向。

5．阀门应设标志，并设专人管理，定期检查维修。

（十八）修炉作业施工区要求

1．电炉倾动机械应锁定，炉盖旋开并锁定，液压站关闭。拆炉作业的危险区域内不应有人员通行或停留。

2．施工区应有足够照明，危险区域应设立警示标志及临时围栏等。

3. 有可能泄漏煤气、氧气、高压蒸汽、其他有害气体与烟尘的部位,应采取防护措施。

4. 高处作业人员应佩戴安全带。

5. 修炉用的脚手架应连接牢固,并经检查确认。

四、转炉安全要点

(一) 生产设备设施

1. 转炉的炉下区域,应防止积水;炉下漏钢坑内表应砌相应防护材料,且干燥后方可使用;炉下钢水罐车、渣罐车运行区域,地面保持干燥;炉下喷渣区,周围应设防护结构,其他坪应防止积水;在耐热混凝土基础上铺砌厚铸铁板或采取其他措施保护。

2. 转炉炉旁操作室及窗户应采取隔热防喷溅措施;所有控制室、电气室的门,均匀向外开启;电炉与LF主控室,应按隔声要求设计;主控室设置紧急出口。

3. 炼钢炉、钢水与液渣运输线、钢水吊运通道与浇注区及其附近的地表与地下,不应设置水管、电缆等管线。

4. 易积水的坑、槽、沟,应有排水措施;所有与钢水、液渣接触的罐、槽、工具及其作业区域,不应有冰雪、积水,不应堆放潮湿物品和其他易燃、易爆物品。

5. 铁水罐、钢水罐、中间罐的壳体上,应有排气孔。罐体耳轴,应位于罐体合成重心上0.2~0.4m的对称中心,其安全系数应不小于8,并以1.25倍负荷进行重负荷试验合格方可使用。使用中的设备,耳轴部位应定期进行探伤检测。凡耳轴出现内裂纹、壳体焊缝开裂、明显变形、耳轴磨损大于直径的10%、机械失灵、衬砖损坏超过规定,均应报修或报废。

6. 铁水罐、钢水罐和中间罐修砌后,应保持干燥,并烘烤至要求温度方可使用。

7. 用于铁水预处理的铁水罐与用于炉外精炼的钢水罐,应经常维护罐口;罐口严重结壳,应停止使用。

8. 钢水罐需卧放地坪时,应放在专用的钢包支座上;热修包应设作业防护屏;两罐位之间净空间距,应不小于2m。

9. 烘烤器应装备完善的可燃气体参数检测仪表与熄火检测仪。采用煤气燃料时,应设置煤气低压报警及与煤气低压记号联锁的快速切断阀等防回火设施;应设置供设备维修时使用的吹扫煤气装置,煤气吹扫干净方可修理设备。采用氧气助燃时,氧气不应在燃烧器出口前与燃料混合,并应在操作控制上确保先点火后供氧(空气助燃时亦应先点火后供风)。

10. 烘烤器区域应悬挂"禁止烟火"、"当心煤气中毒"等警示牌。

11. 铁水罐、钢水罐龙门钩的横梁、耳轴销和吊钩、钢丝绳及其端头固定零件，应定期进行检查，吊钩本体应做超声波探伤检查。

12. 转炉氧枪与副枪升降装置，应配备钢绳张力测定、钢绳断裂防坠、事故驱动等安全装置；枪位停靠点与转炉倾动、氧气开闭、冷却水流量和温度等联锁；当氧气压力小于规定值、冷却水流量低于规定值、出水温度超过规定值、进出水流量差大于规定值时，氧枪应自动升起，停止吹氧。转炉氧枪供水，应设置电动或气动快速切断阀。

13. 氧气阀门站至氧枪软管接头的氧气管，应采用不锈钢管，并应在软管接头前设置长1.5m以上的钢管。氧气软管应采用不锈钢体，氧枪软管接头应有防脱落装置。

14. 转炉宜采用铸铁盘管水冷炉口；若采用钢板焊接水箱形式的水冷炉口，应加强经常性检查，以防止焊缝漏水酿成爆炸事故。

15. 转炉传动机构应有足够的强度，应能承受正常操作最大合成力矩；小于150t的转炉，按全正力矩设计，靠自重回复零位。

16. 从转炉工作平台至上层平台之间，应设置转炉围护结构。炉前后应设活动挡火门，以保护操作人员安全。烟道上的氧枪孔与加料口，应设可靠的氮封。转炉炉子跨炉口以上的各层平台，宜设煤气检测与报警装置。

17. 采用"未燃法"或"半燃法"烟气净化系统设计的转炉，应符合工业企业煤气安全规程的规定；转炉煤气回收系统的设备、风机房、煤气柜以及可能泄漏煤气的其他设备，应位于车间常年最小频率风向的上风侧。转炉煤气回收应采取防火、防爆措施，配备消防设备、火警信号、通讯及通风设施；风机房正常通风换气每小时应不少于7次，事故通风换气每小时应不少于20次。

18. 转炉煤气回收，应设一氧化碳和氧含量连续测定和自动控制系统；回收煤气的氧含量不应超过2%；转炉煤气回收系统，应合理设置泄爆、放散、吹扫等设施。

19. 转炉余热锅与汽化冷却装置的设计、安装、运行和维护，应遵守国家有关锅炉压力容器的规定。

(二) **作业安全**

1. 氧气转炉150t以下的转炉，最大出钢量应不超过公称容量的120%；转炉炉帽、炉壳、溜渣板和炉下挡渣板、基础墙上的黏渣，应经常清理，确保其厚度不超过0.1m。

2. 废钢配料，应防止带入爆炸物、有毒物或密闭容器。废钢料高不应超过料槽上口。转炉留渣操作时，应采取措施防止喷渣。

3. 兑铁水用的起重机，吊运重罐铁水之前应验证制动器是否可靠；不应在兑铁水作业开始之前先挂上倾翻铁水罐的小钩；兑铁水时炉口不应上倾，人员应处于安全位置,以防铁水罐脱钩伤人。

4. 新炉、停炉进行维修后开炉及停吹 8h 后的转炉,开始生产前均应按新炉开炉的要求进行准备;应认真检验各系统设备与联锁装置、仪表、介质参数是否符合工作要求。若需烘炉,应严格执行烘炉操作规程。

5. 炉下钢水罐车及渣车轨道区域(包括漏钢坑),不应有积水和堆积物。转炉生产期间需到炉下区域作业时,应通知转炉控制室停止吹炼,并不得倾动转炉。无关人员不应在炉下通行或停留。

6. 转炉吹氧期间发生氧枪冷却水流量、氧压低于规定值、出水温度高于规定值、氧枪漏水、水冷炉口、烟罩和加料溜槽口等水冷件漏水、停电等紧急情况,应立即提枪停吹。

7. 吹炼期间发现冷却水漏入炉内,应立即停吹,并切断漏水件的水源;转炉应停在原始位置不动,待确认漏入的冷却水完全蒸发,方可动炉。

8. 转炉修炉停炉时,各传动系统应断电,氧气、煤气、氮气管道应堵盲板隔离,煤气、重油管道应用蒸汽(或氮气)吹扫;更换吹氧管时,应预先检查氧气管道,如有油污,应清洗并脱脂干净方可使用。

9. 安装转炉小炉底时,接缝处泥料应铺垫均匀,炉底车顶紧力应足够,均匀挤出接缝处泥料;应认真检查接缝质量是否可靠,否则应予处理。

10. 倾动转炉时,操作人员应检查确认各相关系统与设备无误,测温取样倒炉时,不应快速摇炉;倾动机械出现故障时,不应强行摇炉。

11. 倒炉测温取样和出钢时,人员应避免正对炉口;采用氧气烧出钢口时,手不应握在胶管接口处。

12. 火源不应接近氧气阀门站,进入氧气阀门站不应穿钉鞋,油污或其他易燃物不应接触氧气阀及管道。

五、精炼炉安全要点

(一) 生产设备设施

1. 精炼炉的最大钢水量,应能满足不同炉外精炼对钢液面以上钢包自由空间的要求。

2. 钢水炉外精炼装置,应有事故漏钢措施。VD、VOD 等钢包真空精练装置,其蒸汽喷射真空泵系统应有抵制钢液溢出钢包的真空度调节措施,并应设彩色工业电视,监视真空罐内钢液面的升降。

3. VOD、CAS-OB、RH-KTB 等水冷氧枪升降机械,应有事故驱动等安全措施;氧气阀站至氧枪的氧气管道,应采用不锈钢管,且应在软管接头前设置长度超过 1.5m 的铜管。

4. 受钢液高温影响的水冷元件,应设可靠的断电供水设施,确保在断电期间保护设备免遭损坏；可能因冷却水泄漏酿成爆炸事故的水冷元件，如 VOD、CAS-OB、IR-UT、RH-KTB 中的水冷氧枪，应配备进出水流量差报警装置；报警信号发出后，氧枪应自动提升并停止供氧，停止精炼作业。

5. VOD 与 RH-KTB 等真空吹氧脱碳精炼装置、蒸汽喷射真空泵的水封池应密闭，并设风机与排气管，排气管应高出厂房 2~4m。所在区域应设置"警惕煤气中毒"、"不准停留"等警示牌。

6. LF 与 RH 电加热的供电设施，设备与线路的绝缘电阻应达到规定值，电极与炉盖提升机械应有可靠接地装置；若 RH 与 RH-KTB 采用石墨电阻棒加热真空罐，真空罐应有可靠接地装置，应遵循有关电气规程、规范。

7. RH 装置的钢水罐或真空罐升降液压系统，应设手动换向阀装置。

8. 真空精炼装置，用氮气破坏真空时，应设大气压平衡阀及恢复大气压信号。信号应与真空罐盖开启、RH 吸嘴抽出钢液的动作联锁，当真空罐内外存在压差时，不应开启真空罐盖或抽出 RH 吸嘴；VOD 与 RH-KTB 破坏真空系统，应有氮气稀释措施。

9. 蒸汽喷射真空泵的喷射器，应包裹隔声层，废气排出口与蒸汽放散口应设消声器。

10. 炉外精炼装置中的粉料发送罐、储气罐、蒸汽分配器、汽水分离器、蓄势器等有压容器，其设计、制造、验收和使用，应符合国家有关压力容器的规定。

（二）作业安全

1. 精炼炉工作之前应认真检查，确保设备处于良好待机状态，各介质参数应符合要求。

2. 应控制炼钢炉出钢量，防止炉外精炼时发生溢钢事故。

3. 应做好精炼钢包上口的维护，防止包口黏结物过多。

4. 氩气底吹搅拌装置应根据工艺要求调节搅拌强度，防止溢钢。

5. 炉外精炼区域与钢水罐运行区域，地坪不得有水或潮湿物品。

6. 精炼过程中发生漏水事故应立即终止精炼，若冷却水漏入钢包应立即切断漏水件的水源，钢包应静止不动，人员撤离危险区域，待钢液面上的水蒸发完毕方可动包。

7. 精炼期间，人员不得在钢包周围行走和停留。

8. RH 或 RH-KTB 新的或修补后的插入管，应经烘烤干燥方可使用；VD、VOD、RH 或 RH-KTB 真空罐新砌耐火材料以及喷粉用喷枪，应予干燥。在 VD、VOD 真空罐内清渣或修理衬砖，应采取临时通风措施，以防缺氧。

9. 工作平台上的操作人员不应触摸钢包盖及以上设备，也不应触碰导电体。人工测温取样时应断电。RH、RH-KTB 采用石墨棒电阻加热真空罐期间，人员不应进入真空罐平台。

10. RH、RH-KTB 的插入管与 CAS－OB、IR-UT 的浸渍罩下方，不应有人员通行与停留；精炼期间，人员应处于安全位置。

11. AOD 的配气站，应加强检查，发现泄漏及时处理。人员进入配气站应预先开启门窗与通风设施，确认安全后方可入内，维修时应始终开启门窗与通风设施。

12. 吊运满包钢水或红热电极，应有专人指挥；吊放钢包应检查确认挂钩、脱钩可靠，方可通知司机起吊。

13. 潮湿材料不应加入精炼钢包，人工往精炼钢包投加合金与粉料时应防止液渣飞溅或火焰外喷伤人，精炼炉周围不应堆放易燃物品。

14. 喷粉管道发生堵塞时应立即关闭下料阀，并在保持引喷气流的情况下，逐段敲击管道，以消除堵塞；若需拆检，应先将系统泄压。

15. 喂丝线卷放置区设置安全护栏；从线卷至喂丝机，凡线转向运动处，应设置必要的安全导向结构，线卷周围 5m 以内不应有人。

六、连铸机安全要点

（一）钢水浇注

1. 新砌或维修后的钢包，应经烘烤干燥方可使用。钢包浇注后，应进行检查，发现异常，应及时处理或按规定报修、报废。

2. 浇注后倒渣应注意安全，人员应处于安全位置，倒渣区地面不得有水或潮湿物品，其周围应设防护板。

3. 热修包时，包底及包口黏结物应清理干净；更换氩气底塞砖与滑动水口滑板，应正确安装，并检查确认。

4. 新装滑动水口或更换滑板后，应经试验确认动作可靠方可交付使用；采用气力弹簧的滑板机构，应定期校验，及时调整其作用力。滑动水口引流砂应干燥。

5. 铸锭平台的长度，除满足工艺要求外，还应留有一定的余量；其高度应低于有帽钢锭模的帽口和无帽钢锭模的模口，宽度应不小于 3m。铸锭车外边缘与钢水罐车外边缘的距离，应不小于 1m。

6. 浇注前应详细检查滑动水口及液压油路系统；往罐上安装油缸时，不应对着传动架调整活塞杆长度；遇有滑板压不动时，确认安全之后方可在铸台松动滑动水口顶丝；油缸、油带漏油，不应继续使用；机械封顶用的压盖和凹型窝内，不应有水。

7. 开浇和烧氧时应预防钢水喷溅；浇注钢锭时，应时刻提防钢水喷溅伤人；出现钢锭模或中注管漏钢时，不应浇水或用湿砖堵钢；正在浇注时，不应往钢水包内投料调温；指挥摆罐的手势应明确；大罐最低部位应高于漏斗砖 0.15m；浇注中移罐时,操作者应走在钢水罐后面;不应在有红锭的钢锭模沿上站立、行走和进行其他操作。

8. 取样工具应干燥,人员站位应适当,样模钢水未凝固不应取样。

(二) 连铸机

1. 确定铸机弯曲半径、拉速、冷却水等参数时,应确保铸坯凝固长度小于冶金长度。

2. 大包回转台的支承臂、立柱、地脚螺栓设计计算中应考虑满包负荷冲击系数(1.5～2)。大包回转台旋转时,包括钢包的运动设备与固定构筑物的净距,应大于 0.5m,大包回转台应配置安全制动与停电事故驱动装置。

3. 连铸浇注区,应设事故钢水包、溢流槽、中间溢流罐。

4. 大包回转台传动机械、中间罐车传动机械、大包浇注平台,以及易受漏钢损伤的设备和构筑物应有防护措施。

5. 结晶器、二次喷淋冷却装置,应配备事故供水系统;一旦正常供水中断,即发出警报,停止浇注,事故供水系统启动,并在规定的时间内保证铸机的安全;应定期检查事故供水系统的可靠性。

6. 高压油泵发生故障或发生停电事故时,液压系统蓄势器应能维持拉矫机压下辊继续夹持钢坯 30～40min,并停止浇注,以保证人身和设备安全。

7. 采用放射源控制结晶器液面时,放射源的装、卸、运输和存放,应使用专用工具,应建立严格的管理和检测制度;放射源只能在调试或浇注时打开,其他时间均应关闭;放射源启闭应有检查确认制度与标志,打开时人员应避开其辐射方向,其存放箱与存放地点设置警示标志。

8. 连铸主平台以下各层不应设置油罐、气瓶等易燃、易爆品仓库或存放点,连铸平台上漏钢事故波及的区域,不应有积水与潮湿物品。

9. 浇注之前应检查确认设备处于良好待机状态,各介质参数符合要求;应仔细检查结晶器,其内表面应干净并干燥,引锭杆头送入结晶器时,正面不应有人,应仔细堵塞引锭头与结晶器壁的缝隙,按规定旋转冷却废钢物料。浇注准备工作完毕,拉矫机正面不应有人,以防引锭杆滑下伤人。

10. 新结晶器和检修后的结晶器,应进行水压试验,合格的结晶器在安装前应暂时封堵进出水口。使用中的结晶器及其上口有渗水现象,不应浇注。

11. 钢包或中间罐滑动水口开启时,滑动水口正面不应有人,以防滑板窜钢伤人。浇注中发生漏、溢钢事故,应关闭该铸流。输出尾坯时(注水封顶操作),人员不应面对结晶器。

12. 浇注时二次冷却区不应有人;出现结晶器冷却水减少报警时,应立即停止浇注;浇注完毕,待结晶器内钢液面凝固,方可拉下铸坯;回转台旋转区域内不应有人。

13. 采用煤气、乙炔和氧气切割铸坯时,应安装煤气、乙炔和氧气的快速切断阀；在氧气、乙炔和煤气阀站附近，不应吸烟和有明火，并应配备灭火器材。切割机应专人操作。切割机开动时，机上不应有人。

14. 钢锭（坯）堆放高度，大于3t的钢锭不大于3.5m；0.5～3t的钢锭不大于2.5m；大于0.5t的钢锭不大于1.9m；人工吊挂钢锭不大于1.9m；长度6m及以上的连铸坯不大于4m；长度6～3m的连铸坯不大于3m；长度3m以下的连铸坯不大于2.5m。

15. 钢锭（坯）库内人行道宽度应不小于1m；锭（坯）垛间距应不小于0.6m；进入锭（坯）垛间应带小红旗，小红旗应高出钢锭（坯）垛。

16. 转炉倾动设备应设有可靠的事故断电紧急开关；氧枪、副枪驱动，应设有事故电源（直流驱动采用蓄电池，交流驱动采用UPS电源），供事故断电时，将氧枪、副枪提出炉口。

17. 氧气、乙炔、煤气、燃油管道，应有良好的导除静电装置，管道接地电阻应不大于10Ω，每对法兰间总电阻小于0.03Ω，所有法兰盘连接处应装设导电跨接线。氧气管道每隔90～100m应进行防静电接地，进车间的分支法兰也应接地，接地电阻应不大于10Ω。

18. 不同介质的管线，应涂以不同的颜色，并注明介质名称和输送方向；各种气体、液体管道的识别色，应符合GB 7231的规定。

19. 炼钢车间管道中氧气最高流速：碳钢管不大于15m/s；不锈钢管不大于25m/s。氧气管道的阀门，应选用专用阀门；工作压力大于0.1MPa时，不应选用闸阀。

20. 煤气进入车间前的管道，应装设可靠的隔断装置。在管道隔断装置前、管道的最高处及管道的末端，应设置放散管；放散管口应高出煤气管道、设备和走台4m，且应引出厂房外。

七、轧钢安全要点

（一）生产车间

1. 工厂平面布置，应合理安排车流、人流，保证人员安全通行。

2. 加热炉跨、轧机跨、冷床跨、热处理炉跨、热钢坯跨、酸洗跨、镀层跨和涂层跨等，应通风良好。

3. 厂房建筑受高温辐射烘烤，油、酸、碱腐蚀等破坏作用的，应采取相应的防护措施。

4. 有吊车的厂房，其柱顶或屋架下弦底面与吊车顶端的净空尺寸不应小于0.22m；应设吊车安全走道；吊车操作室下缘，距安全通道平台、材料堆垛和车间设施的安全间距应不小于2.0m，距安全操作平台的安全间距不应小于3.0m。设置司机专用走梯和蹬车平台。

5. 使用吊车换辊方式的车间，应有保证换辊安全作业所必需的场地和空间。

6. 车间应有吊运物行走的安全路线，吊运物不应跨越有人操作的固定岗位或经常有人停留的场所，并不应随意从主体设备上越过。设有安全通道，以便在异常情况或紧急抢救情况下供人员和消防车、急救车使用。

7. 吊车应装有能从地面辨别额定荷重的标识，不应超负荷作业。吊车应设有吊车之间防碰撞装置、行车端头缓冲和防冲撞装置、过载保护装置、卷扬限位、报警装置；登吊车信号装置及门联锁装置；露天作业的防风装置；电动警报器或大型电铃以及警报指示灯。

8. 与机动车辆通道相交的轨道区域，应有必要的安全措施。

（二）危险场所管理

1. 危险场所设备的操作应严格实行工作牌制；电气设备的操作，实行工作票制；重大危险场所、危险设备或设施，应设有危险标志牌或警示标志牌。

2. 在甲、乙类火灾危险场所和0区、1区、2区和10区、11区爆炸性危险场所以及重大危险设备上进行动火、检修、更改操作规程等，应事先申报安全、消防、保卫部门同意，并经有关领导批准，方可进行。

3. 车间电气室、地下油库、地下液压站、地下润滑站、地下加压站等要害部门，其出入口应不少于两个（室内面积小于$6m^2$而无人值班的，可设一个），门应向外开。

4. 油库、液压站和润滑站应设有灭火装置和自动报警装置。

5. 经过辊道、冷床、移送机和运输机等设备的人行通道，应修建符合下列规定的人行天桥：桥宽不小于0.8m，两侧设不低于1.05m的防护栏杆；跨越输送灼热金属的天桥，应设有隔热桥板，两侧设不低于1.5m的防护挡板。

6. 有可能发生飞溅金属屑、渣或氧化铁皮处的人行天桥，两侧应设置不低于2.0m的防护挡板；有高速轧件上窜危险处的人行天桥，应设置金属网罩，其网眼应小于最小轧件的尺寸；跨越轧制线的人行天桥，其间距不宜超过40m。

（三）危险设备管理

1. 设备裸露的转动或快速移动部分应设有结构可靠的安全防护罩、防护栏杆或防护挡板。轧钢厂区内的坑、沟、池、井，应设置安全盖板或安全护栏。

2. 易于泄漏煤气（或天然气）等可燃气体以及其他严重危险的区域，应设有色灯或声响警告信号；吊车易于碰撞的设备、高处作业坠物区、易燃易爆场所以及其他事故多发地段，均应用易于辨认的安全色标明或设置醒目的警示标志牌。

3. 轧钢车间使用表压超过0.1MPa的液体和气体的设备和管路应安装压力表，必要时还应安装安全阀和逆止阀等安全装置。各种阀门应采用不同颜色和不同几何形状的标志，还应有表明开、闭状态的标志。

4. 不同介质的管线应按照《工业管道的基本识别色、识别符号和安全标识》

的规定涂上不同的颜色，并注明介质名称和流向。

5. 液压系统和润滑系统的油箱应设有液位上下限、压力上下限、油温上限和油泵过滤器堵塞的显示和警报装置，油箱和油泵之间应有安全联锁装置。在油库、液压站和润滑站设灭火装置和自动报警装置。

6. 工业炉窑应设有各种安全回路的仪表装置和自动警报系统，以及使用低压燃油、燃气的防爆装置。加热设备应设有可靠的隔热层，其外表面温度不得超过100℃。

7. 工业炉窑使用煤气应遵守下列规定：带煤气抽堵盲板、换流量孔板、处理开闭器、煤气设备漏煤气处理时，要在煤气管道排水口、放水口、加热设备与风机之间设安全联锁、逆止阀和泄爆装置，严防煤气倒灌爆炸事故。

8. 炉子点火、停炉、煤气设备检修和动火，应按规定事先用氮气或蒸汽吹净管道内残余煤气或空气，并经检测合格，方可进行。

9. 在设有通风以及自动报警和灭火设施的场所，风机与消防设施之间，设安全联锁装置。

10. 加热设备（加热炉、均热炉、常化炉等）应设有可靠的隔热层，其外表温度不得超过100℃。加热设备（加热炉、均热炉、常化炉等）应配置安全水源或设置高位水源。加热设备（加热炉、均热炉、常化炉等）所有密闭性水冷系统，均应按规定试压合格方可使用；水压不应低于0.1MPa，出口水温不应高于50℃。

11. 平行布置的加热炉之间的净空间距应留有足够的人员安全通道和检修空间。

12. 使用氮气设备，应设有粗氮、精氮含氧量极限显示和报警装置，并有紧急防爆的应急措施。

（四）轧制作业

1. 轧机的机架、轧辊和传动轴应设有过载保护装置，以及防止其破坏时碎片飞散的措施。

2. 轧机与前后辊道或升降台、推床、翻钢机等辅助设施之间应设有安全联锁装置。自动、半自动程序控制的轧机、设备动作应具有安全联锁功能。

3. 剪机与锯应设专门的控制台来控制。喂送料、收集切头和切边，均应采用机械化作业或机械辅助作业。运行中的轧件，不应用棍撬动或用手脚接触和搬动。

4. 热锯机应有防止锯屑飞溅的设施，在有人员通行的方向应设防护挡板。各运动设备或部件之间，应有安全联锁控制。

5. 火焰清理机应有煤气、氧气紧急切断阀，以及煤气火灾警报器、超敏度气体警报器。轧机轧制时，不应用人工在线检查和调整导卫板、夹料机、摆动式升降台和翻钢机，不应横越摆动台和进入到摆动台下面。

6. 小型轧机尾部机架的输出辊道应有不低于 0.3m 的侧挡板。轧机操作台主令开关，应设在距卷线机以外的安全地点。轧线上的切头尾事故飞剪，应设安全护栏。高速线材轧机的吐丝机，应设安全罩。

7. 钢管轧制穿孔机、轧管机、定径机、均整机和减径机等主要设备与相应的辅助设备之间，应设有可靠的电气安全联锁。

（五）酸洗作业

1. 酸洗装置应有酸雾密闭或净化设施，使车间环境达到 GBZ 2 的要求；酸、碱洗槽宜采取地上式布置，并高出地面 0.6m；酸洗车间应有冲洗设施，酸洗机组的磷化槽、热水槽宜设抽风设施；并有通风设备。

2. 清洗和精整喷水冷却的冷床应设有防止水蒸气散发和冷却水喷溅的防护和通风装置。在作业线上人工修磨和检查轧件的区段，应采取相应的防护措施。

3. 酸洗车间应单独布置，对有关设施和设备应采取防酸措施，并应保持良好通风，酸洗车间应设置储酸槽，采用酸泵向酸洗槽供酸，不应采用人工搬运酸罐加酸。酸碱洗液面距槽上沿应不小于 0.65m。采用槽式酸碱工艺的，钢件放入酸槽、碱槽时，以及钢件酸洗后浸入冷水池时，距槽、池 5m 以内不应有人。

（六）电气设备

1. 电气设备的金属外壳、底座、传动装置、金属电线管、配电盘以及配电装置的金属构件、遮拦和电缆线的金属外包皮等，均应采用保护接地或接零。接零系统应有重复接地，对电气设备安全要求较高的场所，应在零线或设备接零处采用网络埋设的重复接地。

2. 低压电气设备非带电的金属外壳和电动工具的接地电阻不应大于 4Ω。

3. 主要通道及主要出入口、通道楼梯、操作室、计算机室、加热炉及热处理计器室窥视孔、汽化冷却及锅炉设施、高频室、酸碱洗槽、主电室、配电室、液压站、稀油站、油库、泵房、氢气站、氮气站、乙炔站、电缆隧道、煤气站应设置应急照明。

4. 有爆炸和火灾危险的场所应按其危险等级选用相应的照明器材；有酸碱腐蚀的场所，应选用耐酸碱的照明器材；潮湿地区，应采用防水性照明器材；含有大量烟尘但不属于爆炸和火灾危险的场所，应选用防尘型照明器材。

5. 在全部停电或部分停电的电气设备上作业，拉闸断电采取开关箱加锁等措施，验电、放电，各相短路接地，悬挂"禁止合闸，有人工作"的标示牌和装设遮拦，实行"挂牌上锁"。

（七）厂房布置

1. 厂房的天然采光和人工照明应能保证安全作业和人员行走的安全，主要通道及主要出入口、通道楼梯、操作室、计算机室、加热炉及热处理炉计器室、窥视孔、汽化冷却及锅炉设施、酸、碱洗槽、主电室、配电室、液压站、稀油站、泵房、煤气站等场所应设置事故照明。

2. 采用辊道运输，应考虑辊道可逆传动；单向转动的运输辊道，应能紧急制动和事故反转。穿越跨间使用的电动小车或短距离输送用的电动台车，应采用安全可靠的供电方式，并应安装制动器、声响信号等安全装置。

3. 新建、改建和扩建轧钢厂，应靠厂房一侧沿轧制生产线的方向，距离地面适当高度修建供参观和其他生产操作人员行走的安全通廊，其宽度不小于1m，栏杆高度不低于1.05m；较长的通廊，每隔20m应设有交汇平台。

（八）作业安全

1. 建立危险区域动火作业、进入受限空间作业、能源介质作业、高处作业、大型吊装作业、其他危险作业安全的管理制度，明确责任部门、人员、许可范围、审批程序、许可签发人员等。

2. 禁止与生产无关人员进入生产操作现场，划出非岗位操作人员行走的安全路线，其宽度一般不小于1.5m。

3. 应结合生产实际，确定具体危险场所，设置危险标志牌或警示标志牌，并严格管理其区域内的作业。

4. 电磁盘吊应有防止断电的安全措施。

5. 吊车的滑线应安装通电指示灯或采用其他标识带电的措施。滑线应布置在吊车司机室的另一侧；若布置在同一侧，应采取安全防护措施。

6. 吊具钢丝绳和链条的安全系数和钢丝绳的报废标准应符合规定。

7. 横跨轧机辊道的主操纵室、受热坯烘烤或有氧化铁皮飞溅的操纵室应采用耐热材料和其他隔热措施，并采取防止异物飞溅影响以及防雾的措施。

8. 一端闭塞或滞留易燃易爆气体、窒息性气体和其他有害气体的地沟等场所应有通风措施。

9. 轧制生产过程中使用燃气、氧气燃烧装置应有燃气、氧气紧急切断阀，以及火灾报警器、超敏度气体报警器。

10. 轧制型钢、线材、板、带、钢管和钢丝等生产时，各类安全联锁装置和防护设施应齐全可靠。

11. 轧辊应堆放在指定地点。辊架间的安全通道宽度不小于0.6m。

12. 喷水冷却的冷床应设有防止水蒸气散发和冷却水喷溅的防护和通风装置。

13. 对危险性大的作业实行许可制，执行工作票制；要害岗位及电气、机械等设备，应实行操作牌制度。

14. 为从业人员配备与工作岗位相适应的符合国家标准或者行业标准的劳动防护用品，并监督、教育从业人员按照使用规则佩戴、使用。

15. 进入使用氢气、氮气的炉内，或储气柜、球罐内检修，应采取可靠的置换清洗措施，并有专人监护和采取便于炉内外人员联系的措施。

16. 在有煤气危险的区域作业,应两人以上进行,并携带便携式一氧化碳报警仪。

17. 镀层与涂层的溶剂室或配制室以及涂层胶黏剂配制间应采用防爆型电气设备和照明装置;设备良好接地;不应使用钢制工具以及穿戴化纤衣物和带钉鞋;溶剂室或配制间周围10m以内,不应有烟火;设有机械通风和除尘装置。

18. 在检维修、施工、吊装等作业现场设置警戒区域以及厂区内的坑、沟、池、井、陡坡等设置安全盖板或护栏等。

19. 设备裸露的转动或快速移动部分应设有结构可靠的安全防护罩、防护栏杆或防护挡板。

20. 放射源和射线装置应有明显的标志和防护措施,并定期检测。

21. 热锯机应有防止锯屑飞溅的设施,在有人员通行的方向应设防护挡板。

22. 采用高压水冲洗清洁辊面的,应有防止高压水伤人的措施。

八、煤气管理安全要点

(一) 全员安全培训

1. 对煤气区域所有人员(含非岗位人员)进行安全基本知识、煤气安全技术、煤气监测方法、煤气中毒紧急救护技术等内容的培训。

2. 对外来参观、学习、相关方等人员进行有关安全规定、可能接触到的危害及应急知识等内容的安全教育和告知,并由专人带领。

(二) 生产设备设施

1. 安全设施应与建设项目主体工程同时设计、同时施工、同时投入生产和使用。

2. 煤气设备改造和施工,必须由有资质的设计单位和施工单位进行;凡新型煤气设备或附属装置必须经过安全条件论证。

3. 煤气的生产、回收、使用及净化区域内,不应设置与本工序无关的设施及建、构筑物。

调度室、休息室应为无爆炸危险房屋,应有不少于2个对开的安全出口,且装设固定式煤气声光报警器。

4. 煤气管道及相关设备设施应采取消除静电的措施;并定期检查,确保防雷设施完好。

5. 电气设备选型应符合爆炸和火灾危险环境电力装置设计规范的要求。电气设备的金属外壳和电线的金属保护管,应有良好的保护接零(或接地)装置;低压电气设备非带电的金属外壳和电动工具的接地电阻,不应大于4Ω。

6. 主要通道及主要出入口、通道楼梯、操作室、计算机室、配电室等,应设置应急照明。

7. 直梯、斜梯、防护栏杆和工作平台应符合《固定式钢梯及平台安全要求》的规定；煤气设施的人孔、阀门、仪表等经常有人操作的部位，均应设置固定平台。

8. 煤气柜活塞上部、加压站房、风机房等封闭或半封闭空间等，应设固定式一氧化碳声光报警装置，并把信号传送到管理室。

9. 煤气生产、净化（回收）、加压混合、储存、使用等设施附近有人值守的岗位，应设固定式一氧化碳监测报警装置，值守的房间应保证正压通风。

10. 调度室应设有各煤气主管压力、各主要用户用量、各缓冲用户用量、气柜储量等的测量仪器、仪表和必要的安全报警装置；并配备与生产煤气厂（车间）、煤气防护站和主要用户的直通电话。

11. 电气室（包括计算机房）、主电缆隧道和电缆夹层，应设有火灾自动报警器、烟雾火警信号装置、监视装置、灭火装置和防止小动物进入的措施；还应设防火墙和遇火能自动封闭的防火门，对电缆穿线孔等防火材料进行封堵。

12. 经常检修的部位应设可靠的隔断装置；插板、水封、眼镜阀和扇形阀、密封蝶阀、旋塞、闸阀、盘形阀、盲板等的设置应符合《工业企业煤气安全规程》的要求。单一闸阀隔断必须在其后堵盲板或加水封。

13. 凡开、闭时冒出煤气的隔断装置盲板、眼睛阀或扇形阀及敞开式插板阀等，不应安装在厂房内或通风不良之处，离明火设备距离不少于40m。

14. 水封或油封的有效高度应符合《工业企业煤气安全规程》的要求，水封装置（含排水器）必须能够方便检查水封高度和高水位溢流的排水口。

15. 放散装置应安装在煤气设备和管道的最高处及卧式设备的末端；管口应高出20m内煤气管道、设备、走台和屋顶4m，离地面不小于10m，管口应采取防雨、防堵塞措施。

16. 冷凝物排水器的设置应符合《工业企业煤气安全规程》的要求。有置换、吹扫、加压需要的设备和管道应设置活链接的蒸气或氮气接头。带填料的补偿器，应有调整填料紧密程度的压环，补偿器内及煤气管道表面应经过加工，厂房内不得使用带填料的补偿器。

17. 净化器应设置隔断装置、泄爆装置、监测装置、报警装置等。在易发生爆炸的煤气设备部位应安装泄爆装置，其应保持严密，设计应经过计算，泄爆口不应正对建筑物的门窗。

18. 人孔及安全检查管的设置要求：闸阀后，较低的管段上，膨胀器或蝶阀组附近、设备的顶部和底部，煤气设备和管道需经常入内检查的地方，均应设人孔。煤气设备或单独的管段上人孔一般不少于两个，可根据需要设置人孔。人孔直径应不小于600mm，直径小于600mm的煤气管道设手孔时，其直径与管道直径相同。有砖衬的管道，人孔圈的深度应与砖衬的厚度相同。人孔盖上应根据需要安设吹刷管头。在容易积存沉淀物的管段上部，宜安设检查管。

19. 加压站、混合站、抽气机室的管理室应装设二次检测仪表及调节装置，一次仪表不应引入管理室内并设强制通风装置。加压机房应单独设立，房内的操作岗位应设生产控制仪表、必要的安全信号和安全联锁装置。

20. 煤气柜不应建设在居民稠密区，应远离大型建筑、仓库、通信和交通枢纽等重要设施，并应布置在通风良好的地方，煤气柜周围应设有围墙。煤气柜应设操作室，室内设有压力计、流量计、高、低位指示计，容积上、下限声光讯信号装置和联系电话。煤气柜、煤气净化、冷却设备和管道系统等应进行气密性实验。

21. 一氧化碳含量较高的煤气管道，应架空铺设。煤气管道应定期进行检查，进行防锈、防腐处理。架空煤气管道的垂直焊缝距支座边端应不小于300mm，水平焊缝必须位于支座的上方。架空煤气管道应敷设在非燃烧体的支柱或栈桥上；不能穿过不使用煤气的建筑物及易燃易爆物品的堆场和仓库区；煤气管道下面，不应修建与煤气管道无关的建筑物和存放易燃、易爆物品。厂区架空煤气管道与架空电力线路交叉时，煤气管道如敷设在电力线路下面，应在煤气管道上设置防护网及阻止通行的横向栏杆，交叉处的煤气管道应可靠接地。

22. 架空煤气管道与建筑物、铁路、道路及其他管道间的最小水平净距及交叉时的最小垂直净距应符合《工业企业煤气安全规程》的规定。煤气管道与输送腐蚀性介质的管道共架敷设时，煤气管道应架设在上方，对于容易漏气、漏油、漏腐蚀性液体的部位如法兰、阀门等，应在煤气管道上采取保护措施。

23. 煤气管道与氧气管道平行净距不小于0.5m（焊接结构且无阀门时不小于0.25m），交叉净距不小于0.25m。煤气管道及支架上不应敷设动力电缆、电线，但供煤气管道使用的电缆除外。与煤气管道共架敷设的其他管道的操作装置，应避开煤气管道法兰、闸阀、翻板等易泄漏煤气的部位。

24. 煤气输送管底距地面净距不宜低于4.5m；路口应设指示标识牌，管道下方应采取隔热、通行限高等措施。

25. 安设于厂房墙壁外侧上的煤气分配主管底面至地面的净距不宜小于4.5m，并便于检修。与墙壁间的净距：管道外径大于或等于500mm的净距为500mm；外径小于500mm的净距等于管道外径，但不小于100mm，并尽量避免挡住窗户；管道的附件应安在两个窗口之间。穿过墙壁引入厂房内的煤气支管，墙壁应有环形孔，不准紧靠墙壁。

26. 在厂房顶上装设分配主管时，分配主管底面至房顶面的净距一般不小于800mm；外径500mm以下的管道，当用填料式或波形补偿器时，管底至房顶的净距可缩短至500mm；管道距天窗不宜小于2m，并不得妨碍厂房内的空气流通与采光。

27. 煤气分配主管上支管引接处，必须设置可靠的隔断装置。不同压力的煤气管道连通时，必须设可靠的调压装置，不同压力的放散管必须单独设置。

28. 室外煤气净化设备、循环水系统、焦油系统和煤场等建构筑物，宜布置在煤气发生站的主厂房、煤气加压机间、空气鼓风机间等的常年最小频率风向的上风侧，并应防止冷却塔散发的水雾对周围的影响。

29. 煤气发生站中央控制室应设有调度电话和一般电话，并设有主要煤气设施和管网压力、温度、流量、氧含量等参数的监测、报警、连锁、控制装置。

30. 水套集汽包应设有安全阀、自动水位控制器，进水管应设止回阀，严禁在水夹套与集汽包连接管上加装阀门。

31. 连续式机械化运煤和排渣系统的各机械之间应有电气联锁。

32. 煤气发生炉的进口空气管道上，应设有阀门、止回阀和蒸汽吹扫装置。空气总管末端应设有泄爆装置和放散管，放散管应接至室外。

33. 天然气调压站应设在露天或单独厂房内，露天调压站应有实体围墙，围墙与管道间距离应不小于2m。天然气调压站操作室应设压力计、流量计、高低压警报器和电话，操作室应与调压站隔开，并设有两个不同方向向外开的门。

（三）设备运行管理

1. 建立设备设施的检修、维护、保养管理制度。建立设备设施运行台账，制定检（维）修计划。按检（维）修计划定期对设备设施进行检（维）修。设备设施应明确划分管理区域，明确责任。

2. 各种阀门应设置标明开、闭状态的标志。各种主要的煤气设备、阀门、放散管、管道支架等应编号，号码应标在明显的地方，煤气管理部门应备有煤气工艺流程图，图上标明设备及附属装置的号码。煤气管线注明介质名称和流向。

3. 建立设备设施验收和设备设施拆除、报废的管理制度。按规定对设备设施进行验收，确保使用质量合格、设计符合要求的设备设施。按规定对不符合要求的设备设施进行报废或拆除。

4. 建立安全管理制度，明确责任部门、人员、相关资质、许可范围、审批程序、许可签发人员等。制定危险区域动火作业、带煤气作业、进入受限空间作业、能源介质作业、高处作业、大型吊装作业、交叉作业、其他危险作业等制度。

5. 未经允许，禁止与生产无关人员进入生产操作现场。设备检修或技术改造，应制定相应的安全技术措施。多单位、多工种在同一现场施工时，应建立现场指挥机构，协调作业。

6. 任何煤气设备均必须保持正压操作，在设备停止生产而保压又有困难时，则应可靠地切断煤气来源，并将内部煤气吹扫干净。送煤气后，应检查所有煤气设施及附属设备是否泄漏煤气，并进行确认。

7. 长期检修或停用的煤气设施，应打开上、下人孔、放散管等，根据设备的要求保持设施内部的自然通风或用氮气进行保护。

8. 施工完毕未投入运行的天然气管道，宜采用惰性气体或空气保压。煤气发生炉的煤气输入网路（或加压）前应进行含氧量分析，含氧量大于1%时，禁止并入网路。

9. 需要使用行灯照明的场所，行灯电压一般不应超过36V，在潮湿的地点和进入设备内部工作时，所用照明电压不得超过12V。

（四）作业安全

1. 生产作业过程中制定控制措施主要包括在没有排除故障的情况下操作，没有做好防护或提出警示；在不安全的速度下操作；使用不安全的设备或不安全地使用设备；处于不安全的位置或不安全的操作姿势；工作在运行中或有危险的设备上；在存在职业危害环境和场所中，未使用或正确佩戴劳动防护用品。

2. 建立"三违"行为检查制度，明确人员行为监控的责任、方法、记录、考核等事项。

要害岗位及电气、机械等设备，应实行操作牌制度。

3. 在煤气区域作业或检查时，应带好便携式煤气报警仪，作业时应有两人及以上协作，有专人监护；检查应携带可靠的通讯工具。

4. 检修期间不应关闭放散管，保证空气流通，随时检测一氧化碳及氧含量，应携带一氧化碳及氧含量检测装置，并采取防护措施，设专人监护。

5. 停送煤气作业过程中，不应在煤气设施上拴、拉电焊线，煤气设施周围40m内严禁火源。

6. 打开煤气加压机、脱硫、净化和储存等煤气系统的设备和管道时，应采取防止硫化物、干灰等自燃的措施。

7. 进入燃气抢修作业区，应按规定穿防静电服、鞋及防护用具，并禁止在作业区穿脱和摘戴，作业现场应有专人监护，禁止单独操作。

8. 在警戒区内煤气浓度未降至安全范围时，禁止使用非防爆型的机电设备、手机及仪器仪表等。

9. 进入煤气调压室、压缩机房、阀门井和检查井等场所作业时，应根据需要穿戴防护用具，系好安全带；应设专人监护，作业人员应轮换操作；维修电气设备时，应切断电源；带气进行维护检修时，应使用防爆工具或采取防爆措施，作业过程中严禁产生火花。

10. 在全部停电或部分停电的电气设备上作业，应遵守下列规定：拉闸断电，并采取开关箱加锁等措施；验电、放电；各相短路接地；悬挂"禁止合闸，有人作业"的标示牌和装设遮拦。

11. 对危险性大的作业实行许可制、工作票制。在煤气设备上动火应保证设备内煤气保持正压，动火部位应可靠接地，在动火部位附近应装压力表或与附近仪表室联系，并应取得煤气防护站或安全主管部门的书面批准方可作业。带煤气作业如带煤气抽堵盲板、带煤气接管、操作插板等危险工作，不应在雷雨天进行，不宜在夜间进行；作业时，应有煤气防护站人员在场监护；操作人员应佩戴呼吸器。

12. 进入设备检修前，应确认切断煤气来源，必须用蒸汽、氮气或合格烟气吹扫和置换煤气管道、设备及设施内的煤气，不允许用空气直接置换煤气；煤气置换完后用空气置换氮气和烟气，然后进行含氧量检测，含氧量合格，确认安全措施后，方可进入。

13. 检修动火前，必须置换煤气设施内的可燃气体，并用可燃气体测定仪测定合格或爆发实验合格后方可动火。

14. 建立警示标志和安全防护的管理制度。在检维修、施工、吊装等作业现场设置警戒区域，以及厂区内的坑、沟、池、井、陡坡等设置安全盖板或护栏等，并应设警示标志。

15. 设备裸露的转动或快速移动部分，应设有结构可靠的安全防护罩、防护栏杆或防护挡板。

16. 建立隐患排查治理管理制度，明确责任部门和人员。制定隐患排查工作方案，明确排查的目的、范围、方法和要求等。按照方案进行隐患排查工作。对隐患进行分析评估，确定隐患等级，登记建档。

17. 对重大危险源（包括企业确定的危险源）采取措施进行监控，包括技术措施（设计、建设、运行、维护、检查、检验等）和组织措施（职责明确、人员培训、防护器具配置、作业要求等）。在危险源现场设置明显的安全警示标志和危险源点警示牌（内容包含名称、地点、责任人员、事故模式、控制措施等）。

（五）职业健康

1. 建立职业健康的管理制度，为员工提供符合职业健康要求的工作环境和条件。

2. 应为从业人员配备与工作岗位相适应的符合国家标准或者行业标准的劳动防护用品，并监督、教育从业人员按照使用规则佩戴、使用。

3. 建立健全职业卫生档案和员工健康监护档案。对职业病患者按规定给予及时的治疗、疗养。对患有职业禁忌证的，应及时调整到合适岗位。

4. 定期对作业场所职业危害因素进行检测，将检测结果公布、存入档案。对可能发生急性职业危害的有毒、有害工作场所，应当设置报警装置，制定应急预案，配置现场急救用品和必要的泄险区。

对存在严重职业危害的作业岗位，按照《工作场所职业病危害警示标识》要求，在醒目位置设置警示标志和警示说明。

5. 建立事故应急救援制度。建立与本单位生产安全特点相适应的专兼职应急救援队伍或指定专兼职应急救援人员。定期组织专兼职应急救援队伍和人员进行训练。

6. 按应急预案的要求，建立应急设施，配备应急装备，储备应急物资。对应急设施、装备和物资进行经常性的检查、维护、保养，确保其完好可靠。

7. 应急演练按规定组织生产安全事故应急演练，对应急演练的效果进行评估。

8. 煤气防护站应配备空气呼吸器、氧含量检测仪、充填装置、万能检查器、自动苏生器、隔离式自救器、担架、各种有毒气体分析仪、防爆测定仪及供危作业和抢救用的其他设施（如对讲电话）。

九、烧结球团安全要点

（一）生产原料

1. 原料场应有工作照明和事故照明；防扬尘设施；停机或遇大风紧急情况时使用的夹轨装置；车辆运行的警示标志；升降、回转、行走的限位装置和清轨器；行走机械的主电源，采用电缆供电时应设电缆卷筒；采用滑线供电时，应设接地良好的裸线防护网，并悬挂明显的警示牌或信号灯。原料场设备设施应设置防电击、雷击安全装置。

2. 卸车设施和中和混匀设施的检修作业区域应设明显的标志和灯光信号；检修作业区上空有高压线路时，应架设防护网；检修期间，相关的铁道设明显的标志和灯光信号，有关道岔锁闭并设置路挡。

3. 堆取料机和抓斗吊车的走行轨道应设有极限开关和安全装置，两车相距不应小于5m。

4. 原料仓库堆料高度应保证抓斗吊车有足够的安全运行空间，抓斗处于上限位置时，其下沿距料面的高度不应小于0.5m；应设置挡矿墙和隔墙；容易触及的移动式卸料漏矿车的裸露电源线或滑线，应设防护网，上下漏矿车处应悬挂警示牌或信号灯。

5. 破碎、筛分设备不应打开检修门或孔；检修或处理故障，应停机并切断电源和事故开关，挂"禁止启动"的标志牌。

6. 气力输送系统中的储气包、吹灰机或罐车，均应设有安全阀、减压阀和压力表，其设计、制造和使用应符合国家现行压力容器的有关规定。

7. 检修吹灰机和罐车的罐体，以及打开罐体装料孔应预先打开卸压阀。

（二）配料、混合

1. 配料矿槽上部移动式漏矿车的走行区域，不应有人员行走，其安全设施应保持完整。

2. 粉、湿料矿槽倾角不应小于65°，块矿矿槽不应小于50°。采用抓斗上料的矿槽，上部应设安全设施。

3. 配料圆盘应与配料皮带输送机联锁。

4. 不应有湿料和生料进入热返矿槽。

5. 进入圆筒混合机检修和清理，应事先切断电源，采取防止筒体转动的措施，并设专人监护。

（三）烧结

1. 烧结机的圆辊给料机和反射板，应设有机械清理装置。
2. 烧结工艺中的燃料加工系统，应使用布袋式除尘器。使用煤气，应根据生产工艺和安全要求，制定高、低压煤气报警限量标准。水冷系统应设流量和水压监控装置，使用水压不应低于 0.1MPa，出口水温应低于 50℃。配料圆盘应与配料皮带输送机联锁。
3. 有爆炸和火灾危险的场所，应按其危险等级选用相应的照明器材；潮湿地区，应采用防水性照明器材；含有大量烟尘但不属于爆炸和火灾危险的场所，应选用防尘型照明器材。
4. 煤气设备检修时，应确认切断煤气来源，用氮气或蒸汽扫净残余煤气，取得危险作业许可证或动火证，并确认安全措施后，方可检修。点火器应设置空气、煤气比例调节装置和煤气低压自动切断装置；烧嘴的空气支管应采取防爆措施。
5. 烧结机点火之前，应进行煤气引爆试验；在烧结机点火器的烧嘴前面，应安装煤气紧急事故切断阀。
6. 烧结平台上不应乱堆乱放杂物和备品备件，每个烧结厂房烧结平台上存放的备用台车，应根据建筑物承重范围内准许 5~10 块台车存放，不应有易燃和爆炸物品。
7. 烧结机台车轨道外侧安装防护网；检修时，热返矿未倒空前不应打水。
8. 主抽风机室高压带电体的周围应设围栏，地面应敷设绝缘垫板。
9. 主抽风机启动前应检查水封水位是否符合相关规定。

（四）球团

1. 油罐周围设防火围墙或铁丝网，并定期检查和维修；油泵室内采用防爆型电气设备；油管建成后进行压力试验；管内油速不应超过 4m/s，油管采取伴热和保护措施；吹洗油管路时，关闭各计示仪表通路及油泵两端的阀门；油罐内最低油位不应低于加热器顶面的高度；加热用的蒸汽不应使用过热蒸汽。
2. 煤粉制备所有设备均采用防爆型的；磨煤室周围留有消防车通道；煤粉罐及输送煤粉的管道，有供应压缩空气的旁路设施，并应有泄爆孔，泄爆孔的朝向，应考虑泄爆时不致危及人员和设备。储煤罐停止吹煤时，煤在罐内储存的时间：烟煤不应超过 5h，其他煤种不应超过 8h，罐体结构应能保证煤粉从罐内完全自动流出。当控制喷吹煤粉的阀门或仪表失灵时，应能自动停止向球团焙烧炉内喷吹煤粉并报警。
3. 煤粉燃烧器和煤粉输送管道之间，应设有逆止阀和自动切断阀；煤粉管道停止喷吹煤粉时，应用压缩空气吹扫管道；停止喷吹烟煤时，应用氮气吹扫；磨煤机出口的煤粉温度应低于 80℃，储煤罐、布袋除尘器中的煤尘，温度应低于 70℃，并应有温度记录和超温、超压警报装置；检查煤粉喷吹设备时，应使用铜质工具。煤粉仓应设温度计、CO 监测仪表；煤粉仓罐应设充惰气设施；针对煤粉仓罐煤粉自燃及着火，应设专门的灭火设施；进原煤仓罐及煤粉仓罐作业时，应保证通风良好，有害气体浓度不超标准。

4. 回转窑一旦出现裂缝、红窑，应立即停火。在回转窑全部冷却之前，应继续保持慢转，停炉时，应将结圈和窑皮烧掉。拆除回转窑内的耐火砖和清除窑皮时，应采取防窑倒转的安全措施，并设专人监护。

5. 应设煤气、空气压降报警和指示信号（音响及色灯），煤气管道压力自动调节和煤气紧急自动切断装置；空气冷却器和水冷装置的水压降信号，油冷却器油压降信号，稀油润滑系统的油压降信号；抽风机轴承、电机的温升信号，球磨机、棒磨机轴承温升信号；事故信号（音响及色灯）；单机运动的设备和联锁系统的设备，应设置预告和启动信号。

6. 主抽风机室应设有监测烟气泄漏、一氧化碳等有害气体及其浓度的信号报警装置。煤气加压站和煤气区域的岗位，应设置监测煤气泄漏显示、报警、处理应急和防护装置。

7. 在有粉尘、潮湿或有腐蚀性气体的环境下工作的仪表，应选用密闭式或防护型的，并安装在仪表柜（箱）内。

8. 在有爆炸危险的场所，应选用防爆或隔离火花的安全仪表。

（五）作业安全

1. 建立设备设施的检修、维护、保养管理制度。建立设备设施运行台账，制定检（维）修计划。按检（维）修计划定期对安全设备设施进行检（维）修。

2. 人员进入料仓捅料时，应系安全带（其长度不应超过 50cm），在作业平面铺设垫板，并应有专人监护，不应单独作业。应尽可能采取机械疏通。在炉口捅料时，应穿戴好防护用品，防止烫伤。捅料时用力应适度，以免损坏三角炉箅和炉箅条。

3. 运转中的破碎、筛分设备，不应打开检修门或孔；检修或处理故障，应停机并切断电源和事故开关，挂"禁止启动"标志牌。检修吹灰机和罐车的罐体，以及打开罐体装料孔，应预先打开卸压阀。

4. 在台车运转过程中，不应进入弯道和机架内检查。检查进入应索取操作牌，停机、切断电源，挂上"禁止启动"标志牌，并设专人监护。更换台车应有专人指挥，更换栏板，添补炉箅条等作业，应停机、停电进行。

5. 进入单辊破碎机、热筛、带冷机和环冷机作业时，应采取可靠的安全措施，并设专人监护。进入磨机检修时应确定磨机上方是否有黏料，防止垮塌伤人，并与上下岗位联系好，停电并挂上"禁止启动"标志牌，设专人监护。

6. 在煤气区域作业或检查时，应带好便携式煤气报警仪，且应有两人以上协助作业：一人作业，一人监护。煤气设备检修时，应确认切断煤气来源，用氮气或蒸汽扫净残余煤气，取得危险作业许可证或动火证，并确认安全措施后，方可检修。

7. 清理球盘积料时，应保证球盘传动部分无人施工，防止因物料在盘内偏重带动球盘，造成传动部分突然动作而伤人。

8. 竖炉点火时，炉料应在喷火口下缘，不应突然送入高压煤气，煤气点火前应保证煤气质量合格，并保证竖炉引风机已开启，风门打开。竖炉应设有双安全通道。进入烘干设备作业，应预先切断煤气，并赶净设备内残存的煤气。燃烧室点火之前，应进行煤气引爆试验。点火时，应携带煤气报警仪，并有人监护。不应有明火；防止发生火灾。定期对煤气管道进行检查，防止煤气泄漏，造成煤气中毒。

9. 烧结机点火之前，应进行煤气引爆试验；在烧结机点火器的烧嘴前面，应安装煤气紧急事故切断阀。点火时，不应有明火，防止发生火灾。定期对煤气管道进行检查，防止煤气泄漏，造成煤气中毒。

10. 点火器检修应事先切断煤气，打开放散阀，用蒸汽或氮气吹扫残余煤气；取空气试样做一氧化碳和挥发物分析，一氧化碳最高容许浓度与容许作业时间应符合《工业企业煤气安全规程》的规定；检修人员不应少于两人，并指定一人监护；与外部应有联系信号。

11. 在炉口捅料时，应穿戴好防护用品，防止烫伤。竖炉停炉或对煤气管道及相关设备进行检修时，应通知煤气加压站切断煤气，打开支管的两个放散阀，并通入氮气或蒸汽，4h以上方可检修，并用CO测试仪检查。

12. 竖炉停炉或对煤气管道及相关设备进行检修时，应通知煤气加压站切断煤气，打开支管的两个放散阀，并通入氮气或蒸汽4h以上方可检修，并用一氧化碳测试仪检查。

13. 进入大烟道作业时，不应同时从事烧结机台车作业、添补炉箅作业等。应切断点火器的煤气，关闭各风箱调节阀，断开抽风机的电源执行挂牌制度。进入大烟道检查或检修时，应先用一氧化碳检测仪检测废气浓度，符合标准后方可进入，并在人孔处设专人监护。作业结束后，确认无人后，方可封闭人孔。

14. 进入单辊破碎机、热筛、带冷机和环冷机作业时，应采取可靠的安全措施，并设专人监护。进入球磨机检修时，应确定磨机上方是否有黏料，防止垮塌伤人，并与上下岗位联系好，停电并挂上"禁止启动"的标志牌，设专人监护。

15. 进入竖炉炉内作业应待竖炉排空、冷却4h后，方可进入炉内作业。检修时进入炉内作业应搭好跳板、挂梯，系好安全带，穿好隔热服，戴好防护眼镜，以防止坠落摔伤或烫伤。从上部进入炉内作业应带好安全带作业（安全带的挂绳应附装钢绳）。进入炉内前，应检查附在炉壁、导风墙上的残渣是否掉落，清理干净后，方可在竖炉下部工作。在炉内下方作业应先将齿辊及油泵停下并挂检修牌，关好上部炉门，并设专人监护，然后再进入炉内搭设好防护设施后方可作业。

16. 烧结平台上不应乱堆乱放杂物和备品备件，每个烧结厂房烧结平台上存放的备用台车，应根据建筑物承重范围准许5~10块台车存放，载人电梯不应用作检修起重工具，不应有易燃和爆炸物品。

17. 煤气加压站、油泵室、磨煤室及煤粉罐区周围10m以内，不应有明火。在上述地点动火，应开具动火证，并采取有效的防护措施。

18. 清理球盘积料时，应保证球盘传动部分无人施工，防止因物料在盘内偏重带动球盘，造成传动部分突然动作而伤人。

19. 需要使用行灯照明的场所，行灯电压一般不应超过36V，在潮湿的地点和金属容器内，不应超过12V。不应带电作业，特殊情况下不能停电作业时，应按有关带电作业的安全规定执行。

20. 为从业人员配备与工作岗位相适应的符合国家标准或者行业标准的劳动防护用品，并监督、教育从业人员按照使用规则佩戴、使用。

（六）工业卫生

1. 所有产尘设备和尘源点应严格密闭，并设除尘系统。作业场所粉尘和有害物质的浓度应符合规定。除尘设施的开停应与工艺设备联锁；收集的粉尘应采用密闭运输方式，避免二次扬尘。

2. 对散发有害物质的设备应严加密闭。生产球团产生的有害气体，应良好密闭，集中处理。

3. 消除噪声危害。达不到噪声标准的作业场所，作业人员应佩戴防护用具。

4. 使用放射性装置的部位或处所，周围应划定禁区，并设置放射性危险标志。使用放射性同位素的单位，应建立和健全放射性同位素保管、领用和消耗登记等制度。放射性同位素应存放在专用的安全储藏处所。

十、铁合金安全要点

（一）生产设备设施

1. 铁合金企业应采用双回路供电；电炉变压器供电应与动力供电分开。

2. 起重机械与工具应有完整的技术资料和验收资料；炉前起重机的司机室应有良好的通风、防尘和空调设施；吊运铁水应使用冶金专用起重机。

3. 带式输送机应符合《带式运输机安全规范》的要求，要有防打滑、防跑偏和防纵向撕裂的措施以及能随时停机的事故开关和事故警铃。

4. 电极升降装置的电动机应点动控制，并应设有过载、单相、短路保护；正、反向之间，应有机械联锁和电气联锁。有倾炉装置的电炉，倾炉装置与电极升降装置应互锁。

5. 原料或成品不应堆放在烟囱、厂房、围墙和管道支架等建（构）筑物的基础或地下设施上；硝石、硅铁粉等原料，应设专用库；库房建筑与库房设施应有防火、防爆、防雨、防潮措施。

6. 煤气净化区域不应有休息室或与净化无关的操作室等人员密集场所；精整工作场地应与浇注间分开。

7. 煤气回收设施应设充氮装置及微氧量和一氧化碳含量的连续测定装置。煤气的回收与放散，应采用自动切换阀，若煤气不能回收而向大气排放，烟囱上部应设点火装置。

8. 净化设备放散管应设置在管道最高处、管道末端或靠近阀门处；净化烟道下降管的上端，应设清扫孔。净化设备及管道应设蒸汽、氮气或合格烟气吹扫管；吹扫气体压力不应超过被吹扫设备或管道的试漏压力；吹扫管不用时，应与被吹扫设备或管道可靠断开。

9. 电炉变压器的高压断路器和隔离开关之间，电动无载调压开关与断路器之间，均应设连锁装置；电炉变压器的断路器跳闸时，应有灯光和音响信号通知操作室。电极升降装置失控时，应有能紧急切断卷扬机电源的开关；操作台应设有电炉变压器分合闸控制开关及切换开关。

10. 煤气区域的值班室、操作室等人员较集中的地方应设置固定式一氧化碳监测报警装置；进入煤气区域作业的人员应配备便携式一氧化碳报警仪。

11. 车间内各类燃气管线，应架空敷设，并应在车间入口外设可靠的总管切断装置。油管道和氧气管道不应敷设在同一支架上，且不应敷设在煤气管道的同一侧。氧气与燃油管道不应共沟敷设；氧气、乙炔、煤气、燃油管道及其支架上，不应架设动力电缆、电线（供自身专用者除外）。不同介质的管线，应按照《工业管道的基本识别色、识别符号和安全标识》规定涂上不同的色环，并注明介质名称和流向。

12. 放散大量热能或有害气体的厂房应有足够面积的通风天窗或排气设施；易受高温辐射、炉渣喷溅或物体撞击的梁柱结构和墙壁、设备等，应有隔热、防撞措施。

13. 电极壳焊接平台和出铁口操作平台应采用绝缘材料铺设。

14. 破碎机的机座底部应采取防震措施；粉碎机前应设有自动卸铁的电磁分离器。

15. 使用表压超过 0.1MPa 的液体和气体的设备和管路应安装压力表，必要时还应安装安全阀和逆止阀等安全装置，各种阀门应采用不同颜色和不同几何形状的标志，还应有表明开、闭状态的标志。

16. 起重机应装有能从地面辨别额定荷重的标识不应超负荷作业，应设有防碰撞装置、大、小车端头缓冲和防冲撞装置、过载保护装置、主、副卷扬限位、报警装置、登天车信号装置及门联锁装置、电动警报器或大型电铃以及警报指示灯。

17. 电气设备的金属外壳、底座、传动装置、金属电线管、配电盘以及配电装置的金属构件、遮栏和电缆线的金属外包皮等均应采用保护接地或接零。接零系统应有重复接地，对电气设备安全要求较高的场所，应在零线或设备接零处采用网络埋设的重复接地。

18. 主要通道及主要出入口、通道楼梯、电炉变电所、电炉操纵室、总降压变电所、厂调度室、锅炉房、煤气站等工作场所应设置事故照明。

（二）作业安全

1. 有爆炸和火灾危险的场所应按其危险等级选用相应的照明器材；有酸碱腐蚀的场所，应选用耐酸碱的照明器材；潮湿地区，应采用防水性照明器材；含有大量烟尘但不属于爆炸和火灾危险的场所，应选用防尘型照明器材。

2. 建立新设备设施验收和旧设备设施拆除、报废的管理制度。按规定对新设备设施进行验收，确保使用质量合格、符合要求的设备设施。按规定对不符合要求的设备设施进行报废或拆除。建立设备设施〔包括特种设备和厂房等建（构）筑物〕检测检验管理制度。

3. 建立设备设施的检修、维护、保养管理制度。建立设备设施运行台账，制定检（维）修计划。按检（维）修计划定期对安全设备设施进行检（维）修。

4. 煤气设备的检修和动火、煤气点火和停火、煤气事故处理和新工程投产验收，应执行《工业企业煤气安全规程》的相关规定。设置的CO报警仪应定期检验，确保其处于安全状态。

5. 禁止与生产无关人员进入生产操作现场。应划出非岗位操作人员行走的安全路线，其宽度一般不小于1.5m。

6. 吊具应在其安全系数允许范围内使用。钢丝绳和链条的安全系数和钢丝绳的报废标准，应符合《起重机械安全规程》有关规定。

7. 车间内的铁水罐车应能遥控或随车控制；动车前应有声光报警；靠电缆线供电的应有收线卷筒；车轮有可能导致人员伤害的应设扫轨器；运行的端头应设可靠的车挡和行程开关。

8. 熔炼间不应存放硝石，不应提前将硝石倒入配料台；配料完毕硝石不应放在配料台上。

9. 球磨机不应加入热料；湿球磨机不应干磨，不应超负荷运转；清理滚筒内部或往外取球时，应切断电源，并有专人监护。

10. 封闭电炉的料仓，料位不应低于料仓高度的4/5；配料完毕，作业人员应立即离开料仓与煤气净化系统。

11. 电炉的水冷构件应设流量、温度极限指示及警报器；送电期间，不应擅自关闭水冷循环水管。电极周围不应有障碍物和导电物，密封圈的地脚螺栓应绝缘；各ս短网应保证良好绝缘，铜排间隙中不应有灰尘和导电物。吊运电极糊时，竖井应设防护网，竖井下不应有人，应设防护栏。电极糊工作平台附近不应有金属物品，不应同时接触两相电极壳或电极壳与其他导体连通。

12. 粒化时，应将铁水浇到缓冲模上，不应直接浇到喷头的水流上或粒化池内。装入摇包的铁水，不应超过摇包有效容积的3/5。

13. 冶炼出铁、出渣、浇铸区应保持干燥。

14. 净化系统的负压管道及设备不应多炉共用。净化停止后，应封闭抽气机出口逆止水封，同时打开机后放散阀。

15. 保持风机房、操作室等部位通风装置正常运行；加强地沟、气柜及加压站区域CO及通风状况检查。

16. 建立人员行为监督控制的制度，明确人员行为监控的责任、方法、记录、考核等事项。对危险性大的作业实行许可制、工作票制。要害岗位及电气、机械等设备应实行操作牌制度。

17. 带式输送机运转期间，不应进行清扫和维修作业，也不应从胶带下方通过或乘坐、跨越胶带。

18. 起重机应由专职人员指挥，同一时刻只应一人指挥，指挥信号应符合《起重吊运指挥信号》要求。吊运重罐，起吊时应进行试重，人员应站在安全位置，并尽量远离起吊地点。吊物不应从人员和重要设备上方越过。吊物上不应有人，也不应用起重设备载人。

19. 折包作业时重铁水包下部边缘高度不应高于下部空包的上部边缘。

20. 非封闭电炉运行期间，操作人员加料、捅料时，应避开炉内高温熔融物的喷溅方向；作业完成后应退避到安全位置。不应用铁管烧铁口、捅铁口或堵铁口；扒渣、分渣应在挡板后进行。

21. 在检（维）修、施工、吊装等作业现场设置警戒区域，以及厂区内的坑、沟、池、井、陡坡等设置安全盖板或护栏等。设备裸露的转动或快速移动部分、不便绝缘的电气设备以及裸电线，应设有结构可靠的安全防护罩、防护栏杆、防护网或防护挡板。

22. 放射源和射线装置应有明显的标志和防护措施，并定期检测。

23. 电炉冶炼时，炉前工应穿阻燃服，佩戴防护眼镜。为从业人员配备与工作岗位相适应的符合国家标准或者行业标准的劳动防护用品，并监督、教育从业人员按照使用规则佩戴、使用。

24. 在危险性较大的作业场所或有关设备上，应设置符合《安全标志》和《安全色》的警示标志和安全色。对存在严重职业危害的作业岗位，按照《工作场所职业病危害警示标识》规定，在醒目位置设置警示标志和警示说明。

十一、焦化安全要点

（一）厂区布置

1. 焦化厂应布置在居民区常年最小频率风向的上风侧，厂区边缘与居民区边缘的距离一般不小于1000m。

2. 煤气净化（回收）车间应布置在焦炉的机侧或一端，距中小型焦炉不应小于30m。其建（构）筑物最外边缘距（大型）焦炉炉体边缘不应小于40m；距中小型焦炉不应小于30m。易燃与可燃物质生产厂房或库房的门窗应向外开，油库泵房靠储槽一侧不应设门窗。

3. 当采用捣固炼焦工艺，煤气净化装置布置在焦侧时，其建（构）筑物最外边缘距焦炉熄焦车外侧轨道边缘不应小于45m（当焦侧同时布置有干熄焦装置时，该距离为距干熄炉外壁边缘的距离）。

4. 粗苯精制区不宜布置在焦化厂的中心地带，所属建（构）筑物边缘与焦炉炉体之间的净距，不应小于50m。

5. 煤场和焦油车间宜设在厂区常年最小频率风向的上风侧，沥青生产装置宜布置在焦油蒸馏生产装置的端部，并位于厂区的边缘。

6. 禁止厂外道路穿越厂区，汽车及火车装卸站等机动车辆频繁进出的设施，应布置在车间边缘或厂区边缘的安全地带。

7. 基础荷载较大的建（构）筑物（如焦炉等），宜布置在土质均匀、地基承载力较大、地下水位较低的地段。

8. 煤气净化区内，不应布置与煤气净化装置无关的设施及建（构）筑物。煤气总管放散装置宜布置在远离建筑物和人员集中地点。

9. 有爆炸危险的甲、乙类厂房，宜采用敞开或半敞开式建筑，必须采用封闭式建筑时，应采取强制通风换气措施。

10. 安全出入口（疏散门）不应采用侧拉门（库房除外），严禁采用转门。厂房、梯子的出入口和人行道，不宜正对车辆、设备运行频繁的地点，否则应设防护装置或悬挂醒目的警示标志。

11. 生产区域必须设安全通道，安全通道净宽不应小于1m，仅通向一个操作点或设备的不应小于0.8m，局部特殊情况不应小于0.6m。

（二）化工装置

1. 化产工艺装置宜布置在露天或敞开的建（构）筑物内。

2. 储槽、塔器及其他设备的外壳，应有醒目的标志，储槽编号、名称、允许最小上空高度、允许最高温度；塔器编号、名称、允许最大压力、温度；设备编号、名称。

3. 各塔器、容器的对外连接管线，应设可靠的隔断装置。建（构）筑物内设备的放散管，应高出其建（构）筑物2m以上；室外设备的放散管，应高出本设备2m以上，且应高出相邻有人操作的最高设备2m以上。放散管口应高出煤气管道、设备和走台4m，离地面不小于10m。厂房内或距厂房20m以内的煤气管道和设备上的放散管，管口应高出房顶4m。不应在厂房内或向厂房内放散煤气。放散管口应采取防雨、防堵塞措施。放散管的闸阀前应装有取样管。

4. 可燃气体管线应设冷凝水排水器，放散管末端应设阻火器。

5. 生产、储存和装卸甲类液体与可燃气体的管线及设备，应设可靠接地装置，且管线至少两端接地；直径小于20m的储槽，至少2处接地；大于20m的，至少4处接地；仅为防静电的接地，接地电阻一般不大于100Ω。

6. 管式炉出现煤气主管压力降到500Pa以下，或主管压力波动危及安全加热；炉内火焰突然熄灭；烟筒（道）吸力下降，不能保证安全加热；炉管漏油等情况，应立即停止煤气供应。

7. 可燃气体或甲、乙、丙类液体管线不得穿过仪表室、变电所、配电室、办公室和休息室，可燃气体或甲、乙、丙类液体的管线，不宜地下敷设；需用管沟敷设时，在管沟进出装置和厂房处应隔断。

8. 腐蚀性介质的管道应敷设在管线带的下部。蒸汽管与易燃物管道同向架设时，蒸汽管应架设在上方。输送易凝、可燃液体的管道及阀门均应保温，禁止使用明火烘烤。

9. 甲、乙、丙类液体或有毒液体管道禁止采用填料补偿装置。阀门安装位置不应妨碍本身的拆装、检修和生产操作，手轮距地面或操作平台的高度宜为1.2m。阀门的数量应保证每台设备或机组均能可靠地隔断。阀门应有开、关旋转方向和开、关程度的指示，旋塞应有明显的开、关方向标志。禁止用管道上的调节配件代替隔断阀门，禁止以关阀门代替堵盲板。

10. 禁止利用甲、乙、丙类液体及可燃气体的管道作零线或接地线。

11. 水、蒸汽、空气等辅助管线与甲、乙、两类液体或有毒液体、可燃气体的设备、机械、管线连接时，若有发生倒流的可能，则应在辅助管线上安装逆止阀。引入煤气管道上的蒸汽吹扫管，使用后，必须严格与煤气管道隔绝。

12. 酸、碱、酚和易燃液体的输送泵，应用机械密封；若用填料盒密封，应加保护罩。酸、碱、酚及高温液体管道的法兰应加保护罩，法兰位置应尽量避开经常有人操作的地方。

13. 污水总排出管应设水封井。全厂性下水道的干管、支干管，在各区（装置区、储槽区、辅助生产区）之间，应用水封井隔开；水封井之间管道长度不应超过300m。

14. 甲、乙、丙类液体的地上、半地下储槽或储槽组应设置非燃烧材料的防火堤，防火堤内储槽的布置不宜超过两行，但单槽容量不大于1000m³且闪点高于120℃的液体储槽，可不超过四行；防火堤内有效容量不应小于最大槽的容量，但对于浮顶槽，可不小于最大储槽容量的一半；防火堤内侧基脚线至立式储槽外壁的距离，不应小于槽壁高的一半。卧式储槽至防火堤内侧基脚线的水平距离不应小于3m；防火堤的高度宜为1~1.6m，其实际高度应比按有效容积计算的高度高0.2m；沸溢性液体地上、半地下储槽，每个储槽应设一个防火堤或防火隔堤；含油污水排水管的防火堤处应有水封设施，雨水排水管应设阀门等封闭装置。

15. 酸、碱和甲、乙、丙类液体高位储槽应设满流槽或液位控制装置。甲、乙类液体储槽的注入管应有消除静电的措施。浓硫酸储槽顶部应设脱水器，或采用其他防水措施，槽底的吸出管应设两道阀门。

(三) 备煤

1. 翻车机应设事故开关、自动脱钩装置、翻转角度极限信号和开关，以及人工清扫车厢时的断电开关，且应有制动闸。翻车机转到90°时，其红色信号灯熄灭前禁止清扫车底。翻车时，其下部和卷扬机两侧禁止有人工作和逗留。

重车和空车调车机前后应设行程限位开关和信号装置，并应有制动闸。用调车机牵引时，其轨道上应设置活动挡车器。

2. 螺旋卸煤机和链斗卸煤机应设夹轨器。螺旋卸煤机的螺旋和链斗卸煤机的链斗起落机构，应设提升高度极限开关。卸煤机械离开车厢之前，禁止扫煤人员进入车厢内工作。

3. 堆取料机应设风速计、防碰撞装置、运输胶带联锁装置、与煤场调度通话装置、回转机构和变幅机构的限位开关及信号、手动或具有独立电源的电动夹轨钳。堆取料机供电地沟，应有保护盖板或保护网，沟内应有排水设施。

4. 装煤车的走行装置应与螺旋给料、揭炉盖、升降导套、集尘干管对接阀开闭装置及煤塔受煤操作等装置设置联锁。装煤车煤槽活动壁、前挡板、锁壁的张开和关闭应设置信号显示。装煤车活动接煤板的升起和落下应设置信号显示，当升起时应设置切断装煤车行走的闭锁装置。装煤车托煤板没有退回到原位时，应设置切断装煤车行走的闭锁装置。装煤车向炭化室装煤时，在煤饼到位后，应设置切断装煤电机继续前进的限位；托煤板抽出到位、锁壁退回到位，应设置限位控制。

5. 各塔器、容器的对外连接管线应设置可靠的隔断装置。煤塔顶层除胶带通廊外，还应另设一个出口。进入煤槽、煤塔扒煤或清扫时，必须系好安全带，且必须有人监护。人工捅料时，应采取可靠的安全措施。

6. 破碎机和粉碎机应有电流表，盘车前应断电。锤式粉碎机应有打开上盖的起重装置。粉碎机运转时，禁止打开其两端门和小门。混合机和成型机，应设电流表、电压表、超负荷自动停机的联锁及相互自动联锁装置。成型机应设门开机停的联锁装置。头轮、尾轮、增面轮及拉紧装置应有防护罩或防护栏杆。

7. 配煤盘下的胶带输送机与配煤斗槽立柱之间的距离，在跑盘一侧不得小于1m。混煤机、混捏机和成型机应设电流表、电压表、超负荷自动停机的联锁及相互自动联锁装置。

8. 混捏机外壁应安装保温材料，成型机应设门开机停的联锁装置，各机进出口和网式输送机应设置带净化器的抽风机，网式输送机应设断链检测器。

9. 胶带输送机应有胶带打滑、跑偏及溜槽堵塞的探测器；防纵向撕裂；拉线事故开关；防压料自动停车装置；机头、机尾自动清扫装置；倾斜胶带的防逆转装置；紧急停机装置；自动调整跑偏装置。

10. 胶带输送机通廊两侧的人行通道，净宽不应小于0.8m，如系单侧人行通道，则不应小于1.3m。人行通道上不应设置入口或敷设蒸汽管、水管等妨碍行走的管线。沿胶带走向每隔50~100m，应设一个横跨胶带的过桥。过桥走台平面的净空高度应不小于1.6m。应设计足够的照明。胶带输送机支架的高度，应使胶带最低点距地面不小于400mm。

11. 胶带输送机侧面的人行道，其倾角大于6°的，应有防滑措施；大于12°的，应设踏步。运输胶带宜加罩，在机架两侧人工挑拣杂物处、电磁分离器下需要人工拣出铁物处、起落胶带分流器及清扫溜槽处、人工跑盘和人工采样处、其他经常有人操作的地方设置挡板。

12. 胶带输送机的传动装置、机头、机尾和机架等与墙壁的距离，不得小于1m。机头、机尾和拉紧装置应有防护设施。

13. 采用长溜槽运煤，应设防堵振煤装置。需人工清扫的溜槽，上部应设平台。胶带卸料小车应设夹轨钳，其轨道两端应有限位开关。

（四）炼焦

1. 焦炉炉顶表面应平整，纵、横拉条不应突出表面。焦炉应采用水封式上升管盖、隔热炉盖等措施。上升管盖、桥管承插口、装煤孔、炉门和小炉门等，应采取防止冒烟的措施。

焦炉机侧、焦侧消烟梯子或平台小车（带栏杆），应有安全钩。机侧、焦侧抵抗墙四角，距离操作平台上方1m处应设置压缩空气管接头。

2. 无汽化冷却的上升管，必须设防热挡板或采取其他隔热措施。上升管汽化冷却装置及其附件的设计、制造、施工、验收和管理，应符合蒸汽锅炉安全技术监察规程的有关规定。上升管汽化冷却装置水套缺水时，必须通蒸汽降温后，方可送水。集气管的放散管应高出走台5m以上，其开闭应能在集气管走台上进行。集气管应设事故用工业水管，操作台上部应设清扫孔。禁止在距打开上升管盖的炭化室5m以内清扫集气管。上升管、桥管、集气管和吸气管上的清扫孔盖和活动盖板等，均应用小链与其相邻构件固定。

3. 余煤提升机前的余煤斗，应有箅缝不大于0.2m的箅子。单斗余煤提升机，应有上升极限位置报警信号、限位开关及切断电源的超限保护装置。

4. 单斗余煤提升机正面（面对单斗）的栏杆，不得低于1.8m，栅距不得大于0.2m。单斗余煤提升机下部，应设单斗悬吊装置。地坑的门开启时，提升机应自动断电。单斗余煤提升机的单斗，停电时，应能自动锁住。

5. 拦焦机的主要走行轨道均设在焦炉焦侧操作台上时，拦焦机和焦炉炉柱上应分别设置安全挡和导轨。焦炉机侧、焦侧操作平台，应设灭火风管，不得有凹坑或凸台。在不妨碍车辆作业的条件下，机侧操作平台应设一定高度的挡脚板。

6. 炉门上下横铁之间应有拉杆，横铁与炉框钩之间应有自动锁住装置。炉门修理站旋转架，上部应有防止倒伏的锁紧装置或自动插销，下部应有防止自行旋转的销钉。炉门修理站卷扬机上的升、降开关，应与旋转架的位置联锁，并能点动控制；旋转架的上升限位开关必须准确可靠。

7. 地下室、烟道走廊、交换机室、预热器室和室内煤气主管周围严禁吸烟。地下室应加强通风，其两端应有安全出口。烟道走廊出入口，必须设在煤塔、炉间台的机侧或炉端台的尽头处。烟道走廊外设有电气滑触线时，烟道走廊窗户应用铁丝网防护。地下室煤气管道末端应设自动放散装置，放散管的根部设清扫孔。地下室煤气管道的冷凝液排放旋塞，不得采用铜质的。地下室焦炉煤气管道末端应设防爆装置。烟道走廊和地下室，应设换向前3min和换向过程中的音响报警装置。采用高炉或发生炉煤气加热的焦炉，其交换机室应配备隔离式防毒面具。煤气调节蝶阀和烟道调节翻板，应设有防止其完全关死的装置。煤气地下室应设置固定式一氧化碳自动检测仪；用一氧化碳含量高的煤气加热焦炉时，若需在地下室工作，应定期对煤气浓度进行监测。禁止在烟道走廊和地下室带煤气抽、堵盲板。

8. 推焦车、拦焦车、熄焦车、装煤车之间应有通话、信号联系和联锁，并应严格按信号逻辑关系操作，不应擅自解除联锁。推焦机、装煤车和熄焦车，应设压缩空气压力超限时空压机自动停转的联锁。司机室内，应设置风压表及风压极限声、光信号。推焦机的走行装置应与启闭炉门装置及推焦、平煤等操作设置联锁。

9. 推焦车推焦、平煤、取门、捣固时，拦焦车取门时，以及装煤车落下套筒时，均应设有停车联锁。推焦杆应设行程极限信号、极限开关和尾端活牙或机械挡。带翘尾的推焦杆，其翘尾角度应大于90°，且小于96°。煤杆和推焦杆应设手动装置，且应有手动时自动断电的联锁。推焦中途因故中断推焦时，熄焦车和拦焦车司机未经推焦组长许可，不得把车开离接焦位置。

10. 装煤车的走行装置应与螺旋给料、揭炉盖、升降导套、集尘干管对接阀开闭装置及煤塔受煤操作等装置设置联锁。装煤车煤槽活动壁、前挡板、锁壁的张开和关闭应设置信号显示。装煤车活动接煤板的升起和落下应设置信号显示，当升起时应设置切断装煤车行走的闭锁装置。装煤车托煤板没有退回到原位时，应设置切断装煤车行走的闭锁装置。装煤车向炭化室装煤时，在煤饼到位后应设置切断装煤电机继续前进的限位；托煤板抽出到位、锁壁退回到位，应设置限位控制。

11. 拦焦机的走行装置应与启闭炉门装置、集尘干管对接阀开闭装置及导焦机构等设置联锁。导烟除尘车的走行装置与揭炉盖、集尘干管对接阀开闭装置等设置联锁。平煤杆和推焦杆应设手动装置，且应有手动时自动断电的联锁。推焦机设置事故停电时退回推焦杆、平煤杆的动力装置。

12. 湿法熄焦粉焦沉淀池周围应设防护栏杆，水沟应有盖板；凉焦台应设水管；禁止使用未经二级（生物）处理的酚水熄焦；粉焦抓斗司机室设在旁侧。

13. 干法熄焦干熄焦装置必须保证整个系统的严密性，干熄炉排出装置外应通风良好，运焦胶带通廊宜设置一氧化碳检测报警装置；干熄焦装置最高处，应设风向仪和风速计。风速大于 20m/s 时，起重机应停止作业。惰性气体循环系统的一次除尘器、锅炉出口和二次除尘器上部，应设防爆装置；干熄焦装置应设循环气体成分自动分析仪，对一氧化碳、氢和氧含量进行分析记录。

14. 筛焦楼下运焦车辆进出口应设信号灯。敞开式的胶带通廊两侧，应设防止焦炭掉下的围挡。运焦胶带应为耐热胶带，皮带上宜设红焦探测器、自动洒水装置及胶带纵裂检测器。严禁向胶带上放红焦。

（五）化产回收

1. 鼓风冷凝

（1）鼓风冷凝工段应有两路电源和两路水源，采用两台以上蒸汽透平鼓风机时应采用双母管供汽。

（2）鼓风机的仪表室应设有煤气吸力记录表、压力记录表、含氧表，油箱油位表、油压表、电压表、电流表、转速表、测振仪和听音棒，并宜有集气管压力表、初冷器前后煤气温度表。

（3）鼓风机室应设鼓风机与油泵的联锁；鼓风机油压下降、轴瓦温度超限、油冷却器冷却水中断、鼓风机过负荷、两台同时运转的鼓内机故障停车等报警信号；通风机与鼓风机联锁，通风机停车的报警信号；焦炉集气管煤气压力上、下限报警信号。

（4）通风机供电电源和鼓风机信号控制电源均应能自动转换。鼓风机室应有直通室外的走梯，底层出口不得少于两个。每台鼓风机应在操作室内设单独控制箱，其馈电线宜设零序保护报警信号。

（5）鼓风机轴瓦的回油管路应设窥镜；鼓风机煤气吸入口的冷凝液出口与水封满流口中心高度差不应小于 2.5m；出口排冷凝液管的水封高度应超过鼓风机计算压力（以 mmH_2O 计）加 500mm（室外）或减 1000mm（室内）。初冷器冷凝液出口与水封槽液面高度差不应小于 2m。水封压力不得小于鼓风机的最大吸力。

（6）鼓风机冷凝液下排管的扫汽管应设两道阀门。蒸汽透平鼓风机应有自动危急遮断器。蒸汽透平鼓风机的蒸汽入口应有过滤器，紧靠入口的阀门前应安装蒸汽放散管，并有疏水器和放散阀，蒸汽调节阀应设旁通管。

（7）清扫鼓风机前煤气管道时，同一时间内只准打开一个塞堵。

（8）电捕焦油器内煤气侧电瓷瓶周围宜用氮气保护，其绝缘箱保温应采用自动控制方式，并设有自动报警装置。当电捕焦油器煤气含氧量大于 2.0%、绝缘箱温度低于70℃（无氮气保护为90℃）、煤气系统发生事故时自动断电装置失灵时，应立即手动断电。

（9）加热炉煤气调节阀前宜设煤气紧急切断阀，应与物料流量、炉膛温度、煤气压力报警联锁。当加热炉采用强制送风的燃烧嘴时，煤气支管上应装自动可靠隔断装置。在空气管道上应设泄爆膜。煤气、空气管道应安装低压报警装置。

（10）煤气净化各种洗涤塔下应设有液位报警或自动调节，或采用液封。

2. 粗苯回收

粗苯储槽应密封，并装设呼吸阀和阻火器，或采用其他排气控制措施。入孔盖和脚踏孔应有防冲击火花的措施。粗苯储槽放散气体，应有处理措施。苯储槽应设在地上，不宜有地坑。

3. 脱硫脱氰

（1）采用干法脱硫脱硫箱应设煤气安全泄压装置；废脱硫剂应在当天运到安全场所妥善处理；停用的脱硫箱拔去安全防爆塞后，当天不应打开脱硫剂排出孔；未经严格清洗和测定，严禁在脱硫箱内动火。

（2）采用H.P.F、PDS、ZL法等脱硫脱氰应溶液事故槽，其容积应大于脱硫塔和再生塔的溶液体积之和；进再生塔的压缩空气管应高于再生塔液面；生产过程中应控制压缩空气流量及压力，防止再生塔溢塔，泡沫槽溢流；当采用压滤机生产硫膏时，压滤机的滤板不应随意拆卸，防止压滤机伸长杆伸长量超过最大值而伤人，当采用熔硫釜生产熔融硫时，其周围严禁明火；添加催化剂应缓慢，防止溅出伤人；压缩空气流量计检修时，先要泄压，防止颗粒喷出伤人。

（3）采用氨水（A-S）法脱硫，脱酸蒸氨泵房应配备固定式或手持式有毒气体检测仪；脱硫塔液相正常循环时，脱硫塔顶温度大于40℃时，不宜打开其放散管，特殊情况下需要开关放散管时，应站在上风侧操作，防止中毒；脱酸塔不应形成负压。

（4）采用真空碳酸盐法脱硫，脱硫塔底部液位不应超过入口煤气管道最低处；正常生产时，不应打开真空泵后设备和管道的放散管，特殊情况下需要开关放散管时，应站在上风侧操作，防止中毒。

（5）克劳斯法硫黄（含氨分解）及湿接触法硫酸，克劳斯炉、氨分解炉点火前，应检查确认无泄漏，系统吹扫检测合格后方可点火，若点火失败，系统应再次吹扫确认合格后方可再次点火；氨分解炉、克劳斯炉系统不应超温超压操作；加热用煤气和空气应设低压报警和自动停机联锁保护；克劳斯炉装置停产时，应用加热气体吹扫，防止设备急剧冷却；硫封、硫槽等液硫设施周围不应有明火，切片机、硫管检修时，应确认管内无液硫，夹套管蒸汽放空；焚烧炉突然灭火时，应立即打开酸气去荒煤气管道阀门，关闭入焚烧炉阀门，不应排放未经焚烧的气体；进入棒式过滤器作业，应采取可靠的安全措施，防止中毒或灼伤，吹扫过滤棒时，给汽应由小到大，身体避开易外漏部位，防止烫伤。

(六) 苯加工

1. 精苯生产区域宜设高度不低于 2.2m 的围墙,其出入口不得少于两个,且正门应设门岗。禁止穿带钉鞋或携带火种者以及无有效防火措施的机动车辆进入围墙内。精苯生产区域,不得布置化验室、维修间、办公室和生活室等辅助建筑。

2. 金属平台和设备管道应用螺栓连接。洗涤泵与其他泵宜分开布置,周围应有围堰。洗涤操作室宜单独布置,洗涤酸、碱和水的玻璃转子流量计,应布置在洗涤操作室的密闭玻璃窗外。

3. 粗苯储槽应密封,并装设呼吸阀和阻火器,或采用其他排气控制措施。人孔盖和脚踏孔应有防冲击火花的措施。粗苯储槽阻火器、呼吸阀、人孔、放散管等金属附件必须保持等电位连接。封闭式厂房内应通风良好,设备和储槽上的放散管应引出室外并设阻火器。

4. 苯类储槽和设备上的放散管应集中设洗涤吸收处理装置、惰性气体封槽装置或其他排气控制设施。苯类管道宜采用铜质盲板。禁止同时启动两台泵往一个储槽内输送苯类液体。苯类储槽宜设淋水冷却装置。各塔空冷器强制通风机的传动皮带,宜采用导电橡胶皮带。

5. 初馏分储槽应布置在库区的边缘,其四周应设防火堤,堤内地面与堤脚应做防水层。

初馏分储槽上应设加水管,槽内液面上应保持 0.2~0.3m 水层。露天存放时,应有防止日晒的措施。禁止往大气中排放初馏分,送往管式炉的初馏分管道,应设汽化器和阻火器。

6. 处理苯类的跑冒事故时,必须戴隔离式防毒面具,应穿防静电鞋,穿防静电服。

(七) 焦油加工

1. 焦油蒸馏釜旁的地板和平台应用耐热材料制作,并应坡向燃烧室对面。蒸馏釜的排沥青管,应与燃烧室背向布置。

2. 管式炉二段泵出口,应设压力表和压力极限报警信号装置。焦油二段泵出口压力不得超过 1.6×10^6 Pa。焦油蒸馏应设事故放空槽,并经常保持空槽状态。各塔塔压不得超过 6×10^4 Pa。

3. 洗涤厂房、泵房和冷凝室的地板、墙裙,以及蒸馏厂房地板,宜砌瓷砖或采取其他防腐措施。

4. 沥青冷却及加工不得采用直接在大气中冷却液态沥青的工艺。沥青冷却到 200℃ 以下,方可放入水池。沥青系统的蒸汽管道应在其进入系统的阀门前设疏水器。沥青高置槽有水时,禁止放入高温的沥青。沥青高置槽下应设防止沥青流失的围堰。凡可能散发沥青烟气的地点,均应设烟气捕集净化装置。

5. 工业萘、精萘及萘酐生产,萘的结晶及输送宜实现机械化,并加以密封。

开工前，工业萘的初、精馏塔及有关管道，应用蒸汽进行置换，并预热到100℃左右。萘转鼓结晶机传动系统、螺旋给料器的传动皮带和皮带翻斗提升机，均应采取防静电积累的措施；若系皮带传动，应采用导电橡胶皮带。萘转鼓结晶机的刮刀，应采用不发生火花的材料制作。萘蒸馏釜应设液面指示器和安全阀。禁止使用压缩空气输送萘及吹扫萘管道。

6. 脱酚洗油、轻质洗油蒸馏塔的塔压应控制在 $5×10^5 \sim 7×10^5 Pa$ 之间。热油泵室地面和墙裙应铺瓷砖，泵四周应砌围堰，堰内经常保持一定的水层。热风炉和熔盐炉，应设有温度计和防爆孔。

7. 苊汽化器出口温度不得超过规定，并不得突然升高。苊汽化器、氧化器和薄壁冷凝冷却器，应设防爆膜。薄壁冷凝冷却器出口应设尾气净化装置。

8. 禁止氧化器熔盐泄漏。输送液体萘的管道，应有蒸汽套或蒸汽伴随管以及吹扫用的蒸汽连接管。

9. 粗酚、轻吡啶、重吡啶生产与加工，分解酚盐时，加酸不得过快，若分解器内温度达90℃时，应立即停止加酸。粗酚、轻吡啶、重吡啶的蒸馏釜，必须设有安全阀、压力表（或真空表）和温度计。轻吡啶的装釜操作，必须在常温下进行。吡啶产品装桶的极限装满度，不得大于桶容积的90%。酚、吡啶产品装桶处应设抽风装置。分解器和中和器应设放散管。

10. 酸槽应集中布置，室外储槽与主体厂房的净距应不小于6m。接触吡啶产品的设备、管道及隔断阀类配件，应采用耐腐蚀材料制作。

（八）油品、酸、碱装卸与运输

1. 铁路进化产区和油品装卸站之前，应与外部铁路各设两道绝缘，两道绝缘之间的距离不得小于一列车厢的长度。焦化厂铁路与电气化铁路连接时，进厂铁路也应绝缘。化产区内和油品装卸站内的铁路应多处接地，相邻两接地线间的距离不得超过100m。

2. 装卸栈台、铁轨、车体及鹤管应有可靠的防静电措施。装卸栈台两端和每一鹤管旁应设安全走梯；装卸栈台上应设带有防护栏杆的活动跨桥；装卸栈台应处于避雷设施的保护范围内；在距槽车不小于10m的装卸油管线上，应设便于操作的紧急切断阀门。

3. 装卸油品时，距装卸栈台20m以内禁止机车进入。铁路运输甲类液体油品时，机车与油罐之间应用空车厢隔开；用蒸汽机车牵引时必须用两节空车厢隔开，往装卸栈台配车推进时，至少用一节空车厢隔开；内燃或电力机车牵引和推进时，至少用一节空车厢隔开。

4. 汽车槽车的装车鹤管与装车用的缓冲罐之间的防火间距不应小于5m，距装油泵房不得小于8m。汽车进入副油站前应用防火帽将排气管罩上，灌油时不得开动发动机，汽车必须良好接地。

5. 甲类液体装车宜采用自动鹤管装置。甲、乙、丙类液体装车，应采用有色金属管，管端头宜做成三通，距槽车底壁不大于250mm。

6. 灌装苯类时，必须待静电消失方可检尺、取样。静电消散所需静置时间：储槽容积小于 $50m^3$ 的，不少于 5min；小于 $200m^3$，不少于 10min；小于 $1000m^3$ 不少于 20min；小于 $2000m^3$，不少于 30min；小于 $5000m^3$，不少于 60min。

7. 浓硫酸输送应采用泵送或自流方式，严禁使用压缩气体输送；禁止使用蒸汽吹扫浓硫酸设备及管道。用浓硫酸配硫铵母液时，应缓慢调节流量，防止集中放热造成母液飞溅。螺旋输送机必须设盖板，设备运转时，严禁开盖。

8. 甲类液体、有自燃倾向的液体及输送时易与空气发生化学反应的液体，均不得采用压缩空气输送（压送）和清扫。

9. 使用浓酸和装卸浓酸的地点，应设防酸灼伤的冲洗龙头。硫酸高置槽应设液位的高位报警、联锁及满流管，满流管满流能力应大于进料能力；槽下方应设置防漏围堰。

（九）检修

1. 建立设备设施的检修、维护、保养管理制度，建立设备设施运行台账，制定检（维）修计划，按检（维）修计划定期对安全设备设施进行检（维）修。

2. 在易燃易爆区不得动火，易燃易爆气体和甲、乙、丙类液体的设备、管道和容器动火，必须先办动火证。动火前，应与其他设备、管道可靠隔断，清除置换合格符合规定标准（体积分数）；爆炸下限大于4%的易燃易爆气体，含量小于0.5%；爆炸下限小于或等于4%者，其含量小于0.2%。

3. 在有毒物质的设备、管道和容器内检修时，必须可靠地切断物料进出口，有毒物质的浓度必须小于允许值、同时含氧量应在18%~22%（体积分数）范围内。监护人不得少于2人。应备好防毒面具和防护用品，检修人员必须熟悉防毒面具的性能和使用方法。

4. 对易燃、易爆或易中毒物质的设备动火或进入内部工作时，监护人不得少于2人。安全分析取样时间不得早于工作前0.5h，工作中应每两小时重新分析一次，工作中断0.5h以上也应重新分析。

5. 焦炉煤气设备和管道拆开之前，应用蒸汽、氮气或烟气进行吹扫和置换；拆开后应用水润湿并清除可燃物。

6. 检修由鼓风机负压系统保持负压的设备时，必须预先把通向鼓风机的管线堵上盲板。

检修操作温度等于或高于物料自燃点的密闭设备，不得在停止生产后立即打开大盖或人孔盖。

7. 进入布袋室检查和清扫时，应断电，检测氧气和一氧化碳含量，并设专人监护。

8. 用蒸汽清扫可能积存有硫化物的塔器后，必须冷却至常温方可开启；打开塔底人孔之前,必须关闭塔顶油汽管和放散管。

9. 检修液氨冷冻机时,严禁用氧气吹扫堵塞的管道。

10. 转动设备的清扫、加油、检修和内部检查,均必须停止设备运转,切断电源并挂上检修牌,方可进行。

11. 设备和管道的截止件及配件,每次检修后都应做严密性试验。

12. 不得进行多层检修作业,特殊情况时,必须采取层间隔离措施。

13. 高处作业必须系安全带,作业点下部应采取措施,禁止人员通行和逗留。六级以上大风时,禁止高处作业。高处动火应采取防止火花飞溅措施。

14. 夜间检修必须有足够的照明。

(十) 作业安全

1. 用一氧化碳含量高的煤气加热焦炉时,若需在地下室工作,应定期对煤气浓度进行监测。禁止在烟道走廊和地下室带煤气抽、堵盲板。从下往上观看下喷火道内砖煤气管道,应佩戴防护眼镜。

2. 设置的 CO 报警仪应定期检验,确保其处于安全状态。

3. 大中型焦化厂宜设置消防站,消防站应设在便于车辆迅速出动的位置。多层生产厂房应设消火栓。干熄炉主框架中装入层平台及干熄炉底层平台应设置事故用水管。

4. 变电所和配电所不应设在有爆炸危险的甲、乙类场所或贴邻其建造。

5. 架空电线严禁跨越爆炸和火灾危险场所。爆炸和火灾危险场所应设检修电源。精苯车间应使用铜质导线和电缆。所有导线和电缆,五年内至少做一次绝缘试验,大修时必须全部更新。初馏分库房内禁止安装任何电气设备和导线,库房外布线也应穿管安装。装置内的电缆沟,应有防止可燃气体积聚或含有可燃液体的污水进入沟内的措施。电缆沟通入变配电室、控制室的墙洞处,应填实、密封。

6. 电缆等可燃物与热力管线等发热体应保持适当的安全距离,避免热辐射引起自燃;因故无法做到的,应采取预防措施。在容易积存爆燃性粉尘的环境,非铠装电缆或阻燃电缆表面附着的可燃性导电粉尘应定期清扫。

7. 滑触线高度不宜小于 3.5m;低于 3.5m 的,其下部应设防护网。防护网应良好接地。裸露导体布置于人行道上部且离地面高度小于 2.2m 时,其下部应有隔板,隔板离地应不小于 1.9m。电动车辆的轨道应重复接地,轨道接头应用跨条连接。

8. 行灯电压不应大于 36V,在金属容器内或潮湿场所,则电压不应大于 12V。安全电压的电路必须是悬浮的。

9. 进入干熄炉和循环系统内检查或作业前,应关闭同位素射线源快门,进行系统内气体置换和气体成分检测。一氧化碳浓度在 $50cm^3/m^3$ 以下,含氧量大于 18%,方可进入,进入时,应携带检测仪器和与外部联络的通讯工具;二次除尘器顶部等死角处，应设放散阀门；运行中检修排出装置时，应戴防毒面具；严禁在防爆孔和循环气体放散口附近停留。

(十一) 工业卫生

1. 作业场所空气中粉尘浓度不得大于 $10mg/m^3$，其外排气体的含尘浓度应符合现行工业三废排放标准。

2. 粉碎机室、筛焦楼、储焦槽、运焦系统的转运站以及熄焦塔应密闭或设除尘装置。除尘设备应同相应的工艺设备联锁，做到比工艺设备先开而后停。焦仓漏嘴的开闭宜远距离操作。

3. 焦化厂酚、氰污水总排放口的水质，应符合规定的排放标准。生产中的废渣，如再生器残渣、酚吡啶残渣、精苯酸焦油渣和生化处理产生的剩余污泥等，应进行综合利用或配入炼焦煤中，不得排入江河湖海。

4. 焦炉炉顶等高温环境下的工人休息室和调火工室；推焦车、装煤车、拦焦车和熄焦车的驾驶室；交换机工、焦台放焦工和筛焦工等的操作室应有防暑降温措施。拦焦车的驾驶室，应有隔热措施。必须供给高温作业人员足够的含盐清凉饮料。

5. 多尘、散发有毒气体的厂房或甲、乙类生产厂房内的空气不得循环使用。甲、乙类生产厂房的排、送风设备，不应布置在同一通风机室内，也不应和其他房间的排、送风设备布置在一起。相互隔离的易燃易爆场所，不得使用一套通风系统。

6. 作业场所的噪声一般不得超过 90dB（A），新建、改建企业作业场所的噪声不得超过 85dB（A）。蒸汽透平鼓风机背压汽放散管和罗茨鼓风机等可能超过噪声标准的设备，应采取消声或隔声措施。

7. 利用放射性同位素进行检测、计量和通讯，应有确保放射源不致丢失的措施；可能受到射线危害的有关人员应配带检测仪表，其最大允许接受剂量当量为每年 50mSv（srem）。接近最大允许接受剂量的工作人员，每年应至少体检一次，特殊情况应及时检查。射线源存放地点，必须设有明确的标志、警示牌和禁区范围。

十二、坩埚安全要点

说明：坩埚系有色金属冶炼设备。因此在冶炼时应注意空气流通，抽风装置必须保持良好并应充分利用以排除有毒烟尘。

(一) 设备检查

1. 坩埚应干燥、无裂纹。

2. 炉盖、炉板必须保持干燥、水冷炉盖不准有漏水现象。

3. 手动倾炉应有操纵灵活、制动可靠的制动装置，并能使炉体在任意倾角状态下锁紧。

4. 电动倾炉应有可靠的制动器和减速器,并自锁。

5. 固体燃料坩埚炉的管路必须良好,炉条排布均匀,安全可靠。

6. 燃油坩埚炉的油路应无渗漏现象,阀门应启闭灵活,雾化器的雾化效果应良好。

7. 气体燃料坩埚炉的开关、空气阀、煤阀应启闭灵活,关闭严密。压力表灵活、可靠。燃气管路必须畅通无阻塞、无渗漏,并安装燃气泄漏报警装置。

8. 坩埚炉应装设排烟除尘装置。

（二）操作安全

1. 坩埚使用前必须预热到 600℃ 以上。

2. 严格检查炉料应无爆炸物品。

3. 抢坩应将坩埚夹牢。

4. 不准在炉壁上打炉洒水,炉底有人时不准洒水。

5. 倾注金属液至浇包内时,不准过满。

（三）作业环境

1. 坩埚炉周围不准有积水。

2. 注意空气流通,应充分利用抽风装置排除有毒气体。

3. 燃油坩埚炉的油箱放置位置必须与熔化炉保持防火距离。

十三、碎铁机安全要点

说明：碎铁机应安装牢固可靠的围栏,以防止碎铁飞溅砸伤人员。对落锤式碎铁机必须检查吊钩、吊环、钢丝绳,并保持完好无损。当铁锤上升或下降时应有专人负责统一指挥。在拣铁、摆铁时,锤头不准吊在顶部上空,以防锤头落下伤人。

（一）设备检查

1. 机身应无裂纹,并有足够的强度和刚度。

2. 冲头垂直升降时,应保证导向轮槽内滚动灵活,无卡阻和滑动摩擦现象。

3. 导向轮的限位螺母不得松动、移位或脱落。

4. 冲头与偏心轴的连接应牢固可靠,其螺孔、螺钉的螺纹应完好,不允许滑丝。

5. 电动机、机体应有良好的接地（零）。

6. 带轮、胶轮、传动齿轮必须安装防护罩。

7. 应在操作者工作位置安装控制按钮或紧急开关。

8. 安装在地面的碎铁机,应装设牢固的围栏（其高度为碎铁机顶高的 2/3）和隐蔽室。

（二）行为检查

1. 工作前必须开空车运行,检验传动部分的可靠情况。

2. 工作中必须精神集中，注意指挥信号和各种仪表的工作情况。

(三) 作业环境

1. 碎铁机周围场地应平整，并设置生铁锭堆放区和作业区，场地应有适当的吊运空间。

2. 工作台面的标高（若使用砧座时则为砧座上平面标高）不得大于 800mm。

十四、混砂机安全要点

说明：混砂机系锻造车间粉尘浓度较高的作业点之一。因此必须采取有效的防尘措施，使作业点的粉尘浓度不超过《工业企业设计卫生标准》的规定要求，以避免职业病的发生。密封罩的人孔门联锁限位开关能保证开启人孔门后不使机盆内碾砂滚轮转动，以防止造成人身事故。

(一) 设备检查

1. 机盆上取样门应完好，启闭灵活，关闭时不准超出机盆内衬。

2. 机盆上应有足够强度和刚性的密封罩，并安装牢固。

3. 密封罩应与除尘系统连接。

4. 密封罩上应设有一个以上的观察窗，观察窗应安装透明性能良好的有机玻璃。

5. 密封罩开设的人孔门，其宽度与高度不得小于 500mm×1000mm。

6. 密封罩的入孔门应装有与电动机联锁的限位开关。

7. 主、辅料输送管道及水管与碾轮等运转部件的距离不应小于 150mm。

8. 传动机构的外露部分必须安装防护罩。

9. 电动机的接线及保护接地（零）必须符合安全要求。

10. 混砂机应有单独的控制箱及操纵盒。

11. 主电路、控制电路和照明电路应分别装有独立的熔断器。

12. 各控制电扭均安装指示灯和指示牌，并保持清晰明亮。

13. 气动系统内应气路畅通、密封良好，无堵塞和泄漏现象。

14. 压力表应灵敏、可靠，并定期校验。

15. 管路与设备连接的软管，应为耐压胶管。胶管承压能力应大于工作压力的 1.5 倍。

16. 胶管连接应使用宝塔接头，并用卡箍紧固。

17. 碾轮轴、曲柄轴、刮板的紧固螺钉应完好，且应锁紧。

18. 混砂机平台必须坚固平坦，平台周围应安装防护栏，且高度不低于 1050mm。

(二) 行为检查

1. 混砂机转动时，不准用手直接从机盆内取样，必须用工具从取样门取样。

2. 混砂机转动时，不准用手工扒料和清理碾轮，不准伸手到机盆内添加黏结剂等附加物料。

3. 进入机盆内清理或检修前，应切断电源，并挂上"有人工作、不准合电源闸"的警示牌，还应设人监护。

4. 照明应使用36V电压的照明灯具。

（三）作业环境

1. 工作场地及人行通道应保持整洁、畅通。

2. 混砂机平台禁止堆放其他物品。

3. 通风除尘装置应定期清扫。

（四）个人防护

1. 碾砂时应戴好口罩，口罩应为防尘口罩。

2. 砸火碱时，必须戴好手套和防护眼镜。

十五、皮带输送机安全要点

说明：皮带输送机头架和尾架的主动轮和被动轮是较易产生事故的危险点，因此需在上述部位安装防护网。同时对架设在走道平台上的皮带输送机，应设置防护栏，其高度应不低于1050mm，人行道与皮带输送机的间隔宽度应不小于600mm，同时，对其扬尘点应安装通风除尘装置，粉尘浓度应符合《工业企业设计卫生标准》以防止职业病的发生。

（一）设备检查

1. 电动机接线应套上金属保护管。

2. 电器箱门应完整、关闭严密、压紧螺丝（或门锁）齐全并紧固。

3. 所有电器零件及接线端不应松动。

4. 操纵盒（台）及按钮应完好，按钮的色标清晰。

5. 保护接地（零）线应有足够的强度和截面。

6. 齿轮箱应无渗漏现象，油位应在油标尺的规定范围之内。

7. 齿轮箱与电动机、主动轮的连接应牢固，运行平稳、可靠，连接处应装有防护罩。

8. 主动轮、从动轮、托轮、挡轮等均应齐全，无裂纹，转动灵活、可靠，无卡阻现象。

9. 输送带应无裂纹和老化现象，并有足够的强度。

10. 张紧装置应完好，且便于调节。

11. 头架、中间架、尾架结构完好，无裂纹等缺陷。

12. 横穿皮带输送机的人行便道，应设过道"桥"。

（二）行为检查

1. 严禁在皮带输送机上坐卧、睡觉或行走。
2. 皮带输送机运转中禁止加油、进行修理及清扫工作。
3. 校正皮带位置和松紧时，必须停车。
4. 皮带输送机不得超负荷运行。

（三）作业环境

1. 皮带输送机沿墙或立柱设置时，离墙或立柱的距离应不小于600mm。
2. 扬尘点应设通风除尘装置。

十六、鳞板输送机安全要点

（一）设备检查

1. 传动链不允许有裂纹或缺损，滚轮应转动灵活，不得有卡阻现象。
2. 鳞板与板、侧板与侧板之间的叠合面积与间隙应保证传动链弯曲段无卡阻现象。
3. 滚轮导轨的焊缝处接缝应打磨平整。
4. 鳞板运行方面，应由水平段过渡到上升倾斜段处。必须装有传动链的压紧装置，并保证滚轮与导轨面始终能接触。
5. 压紧装置应运转灵活、可靠。
6. 用作传送灼热铸件的鳞板输送机应在铸件落机处装设缓冲装置和导向溜板。
7. 电动机、减速箱等外露传动部分应装设防护罩。
8. 电动机和机架应有良好的保护接地（零）。
9. 设备沿长度每隔20m应装一个紧急开关，设备两端均需安装操纵按钮。

（二）行为检查

1. 设备的卸料端严禁站人。
2. 单件重量或尺寸超过设备允许使用范围的铸件，不准在设备上运送。
3. 不允许铸件垂直坠落，直接撞击鳞板。
4. 鳞板中心线与传动链的夹角超过90°（±3°）时，必须调整张紧装置，调整无效时应停机修理。

（三）作业环境

1. 设备的两端应有足够的维修场地和起吊空间。
2. 设备两侧700mm内不得有障碍物，必要时还应加装护栏，护栏高度应不低于1050mm。

十七、抛砂机安全要点

（一）设备检查

1. 抛砂机的抛头护板及调节螺杆应完好，并紧固在罩壳上。

2. 护板与叶片的间隙应调整在 0.5～4mm 之间，不允许有摩擦现象。

3. 罩壳应完好，开口应向下，不允许砂流向前方射出。

4. 抛头轮及叶片必须经动平衡试验，叶片不允许有裂纹或缺损。

5. 抛头只有一个叶片时，对称位置应有平衡配重。

6. 抛头有两个叶片时，应对称安装，其重量差均不得大于设计允许值和叶片正常磨损量。

（二）行为检查

1. 进入抛砂机的型砂不允许混入铁块或块状异物。

2. 抛头发生卡塞或其他异常现象以及电热丝折断时，应停止工作。

3. 作业环境。抛砂机摇臂动作时，周围不准有障碍物。

十八、抛丸清理安全要点

（一）设备检查

1. 抛头与机体连接处需有防振垫片。

2. 抛头端盖合缝处需用橡皮密封，以防高速铁丸从缝隙处逸出。

3. 抛头上的叶片必须采用对称结构。

4. 叶片必须用定位螺钉、定位销或弹簧卡固定在抛头上。

5. 安装抛头的部位应有足够的强度和刚度，保证能可靠地承受抛头工作时产生的动载荷。

6. 室体四壁、大门内侧及接缝处均需衬以厚度大于 4mm 的橡胶板。

7. 室体钢架应有良好的接地。

8. 大门的开合必须与抛丸器的开关联锁，保证大门关严之前，设备不能启动。

9. 台车和转台面必须铺衬厚度大于或等于 4mm 的橡胶板。

10. 台车和转台上的电气、机械传动装置均需置于台面下方，并用密封罩加以隔离。

11. 螺栓输送器、斗式提升机必须与基础连接牢固。壳体应密封良好。

12. 传动机构动作灵活可靠，其外露部分需加防护罩。

13. 通风除尘系统必须具有良好的密封性，保证设备运转时无尘埃逸出。

（二）行为检查

1. 抛丸机未启动前，禁止打开铁丸的控制阀门。

2. 抛丸室在工作中，必须经常检查铁丸供应系统，以防堵塞。

3. 调整抛头定向套时，应使铁丸的方向对准台车或转台上的铸件。

4. 当设备发生故障时，必须立即停车，应拉开总电门手柄。

5. 加入抛丸室中的铁丸必须过筛。

（三）作业环境

1. 运行中应无尘埃或铁丸通过缝隙逸出室外。
2. 抛丸清理室周围3m以内的地方不得作为其他工作场所。
3. 散落在抛丸清理室周围的铁丸，必须经常清理。
4. 抛丸清理室的地面应有防滑措施。

（四）个人防护

工作时应戴好有机玻璃制成的防护面罩。

十九、清理滚筒安全要点

（一）设备检查

1. 筒体和电动机均有良好接地或接零。
2. 筒体与护板之间应垫橡胶板。
3. 筒盖上的吊钩应完好，无裂纹。
4. 锁紧筒盖的三链闩销紧器应完好，并确保筒盖能牢固地锁在筒身上，运转时无松动现象。
5. 闩销紧器的零件均应无裂纹，且有足够的强度和刚度，螺纹不准有滑丝现象。
6. 筒身与筒盖对称的位置上应安装配重物，以保持平衡。
7. 联轴器、传动齿轮必须安装防护罩。
8. 制动器必须保证筒体在任何位置均能制动。
9. 轴承和连接螺栓不准有裂纹，螺栓的螺纹不允许有滑丝现象。
10. 轴承、滚筒应灵活平稳，不得有单向摩擦和卡阻现象。
11. 清理滚筒必须安装通风除尘装置。

（二）行为检查

1. 铸件连同星铁加入量不准超过滚筒容积的75%～80%。
2. 装料前应将滚筒用销子固定，以免装料时发生旋转。
3. 筒盖与筒身销紧后才能开机。
4. 卸铸件必须将滚筒盖转到正面，并用插销固定后，才能打开筒盖。

（三）作业环境

1. 筒体底部距地面应有一定的空间，以保证运行的筒体及附件在极限位置时不触及地面或异物。
2. 滚筒周围不得堆放铸件或其他物件。
3. 铸造车间噪声较大，粉尘浓度较高，因此使作业区的噪声不超过《工业企业噪声卫生标准》规定的90dB（A）［新、改、扩不超过85dB（A）］，以减少噪声对操作人员的影响。同时，清理滚筒必须安装通风除尘装置，作业区的粉尘浓度应低于《工业企业设计卫生标准》的规定要求,防止职业病的发生。

二十、抛丸清理滚筒安全要点

(一) 设备检查

1. 抛头与机体连接处需有防震垫片。
2. 抛头端盖合缝处需用橡皮密封,以防高速铁丸从缝隙处逸出。
3. 抛头上的叶片必须采用对称结构。
4. 叶片必须用定位螺钉、定位销或弹簧卡固定在抛头上。
5. 在筒体上应设定位凸块,在机座上应设棘爪,以保证打开端盖时,折页轴呈铅垂状态,端盖能绕折面的铅垂轴线开启。
6. 所有外露传动部件(胶带、链条、主动轮、从动轮等)均应装设防护罩。
7. 筒体内应衬耐磨护板。护板上应设有凸螺旋线,使铸件在滚动中总处于有效抛丸位置。
8. 护板应无缺损,其与筒体的固定螺钉应完好并紧固。
9. 端盖与筒体结合处,应有完好的密封圈。
10. 电器柜开关箱上的控制按钮、指示灯、标志牌应齐全、完好。
11. 电动机应采用封闭式,并有良好的接地(零)保护。
12. 机座和外壳应有良好的接地(零)保护。
13. 设备应有自动停机装置,当达到预先调好的清理时间后,装置能自动切断电源,并在正确的位置上停机。
14. 端盖的开合必须与主电源联锁,保证在端盖合严、上好卡子以前,设备不能启动。
15. 提升斗应完好,传动机构工作应灵活,罩壳密封良好。
16. 筛网应完好,能有效地筛分出大块物料。
17. 通风除尘系统必须具有良好的密封性,保证设备运行时无尘埃逸出。
18. 风机风压一般为 980~1960kPa。

(二) 行为检查

1. 更换叶片时应全组叶片同时更换,以保持平衡。开启滚筒端盖时,应防止滚筒重心偏移而使端盖自动翻落。
2. 装料质量不应大于 150kg,单件质量不应大于 20kg。
3. 停机时,必须待抛头停转后,才可打开端盖卸料。
4. 手动操作机关时,必须使机座上的棘爪限制住滚筒上的定位凸块。

(三) 作业环境

作业区含尘量应小于 $10mg/m^3$,应符合《工业企业设计卫生标准》的要求。

第十二部分 特种设备安全要点

一、锅炉安全要点

1. 锅炉

应有锅炉总图、安装图和主要受压部件图,受压元件强度的计算;质量证明书;锅炉安装说明和使用说明;铭牌等技术资料和锅炉设备使用登记证。操作人员应持证上岗。

2. 锅筒

(1) 受压元件不得有凹陷、弯曲、鼓包和过热。

(2) 锅筒筒体向火面,焊缝、管板板边处应无裂纹、腐蚀、凹陷、鼓包和过热。

(3) 胀口严密,无环形裂纹。

(4) 锅炉的拉撑及其与被拉元件的结合处应无脱焊、断裂和腐蚀。

3. 安全阀

(1) 蒸发量大于 0.5t/h 的锅炉,至少装设两个安全阀;蒸发量小于或等于 0.5t/h 的锅炉,至少装一个安全阀。

(2) 安全阀垂直装于筒体和集箱最高处,开启正确,有校验标志。

(3) 省煤器、蒸汽过热器出口、再热器进口和出口及直流锅炉的启动分离器,都必须装设安全阀。

(4) 安全阀与锅筒之间或安全阀与集箱之间,禁装蒸汽的出汽管和阀门。

(5) 省煤器出口的安全阀,应装有通向安全地点的排水管,在排水管上禁止装阀门。

(6) 锅炉工作压力小于 0.8MPa 时,锅筒和过热器上的安全阀的开启压力分别为工作压力加 0.05MPa 和 0.03MPa。

(7) 数个安全阀如共同装置在一个与锅炉直接连接的短管上,则短管的通路截面积应不小于所有安全阀截面积之和。

(8) 省煤器安全阀的开启压力为装置地点工作压力的 1.1 倍。

(9) 运行锅炉的安全阀应不漏气,每年至少检校一次。

4. 压力表

(1) 每台锅炉必须装有与锅筒蒸汽直接相连接的压力表;省煤器出口处应装有压力表。

(2) 压力表精确度不应低于 2.5 级，最大量程应为工作压力的 1.5～3.0 倍。

(3) 压力表表盘直径应不小于 100mm。

(4) 压力表和存水弯管之间应装有三通旋塞。

(5) 压力表表面明亮、清楚，表盘有最大工作压力警界红线。

(6) 压力表安装后，每半年校验一次，并有铅封。

5. 水位表

(1) 水位表彼此独立，玻璃管清楚，高低位标志明显。最高最低安全水位离水位表的可见边缘至少为 25mm。

(2) 水位计有罩，有放水旋塞和放水管。

(3) 水位表应装在便于观察、冲洗的位置，并有良好照明。

(4) 蒸发量大于或等于 2t/h 时，应装有高低水位报警及低水位联锁保护装置。

6. 温度仪表

必须齐全完整，正确有效。

7. 自动控制讯号装置

应齐全有效，灵敏可靠。

8. 水处理

(1) 水处理要用单级钠离子交换系统作为炉外化学水处理措施，或采用炉内加药处理。

(2) 必须保证锅炉无垢或薄垢。

(3) 给水必须进行水质化验，并符合 GB/T 1576—2008 的规定。

9. 给水系统

(1) 锅炉须备有两套给水设备，水压保持正常，水泵总流量应为所需水量的 110% 以上，而且有压力表，自动给水高速装置应灵敏可靠。

(2) 通向锅筒的给水管上应装给水止回阀和截止阀，而且严密不漏。

(3) 给水设备所有阀门应密封良好严密不漏。

10. 省煤器

(1) 省煤器进口处应装给水止回阀、给水截止阀和温度计插座。

(2) 省煤器出口处应装压力表、安全阀、空气阀和温度计。

(3) 应有不经省煤器烟道的烟气侧通和直接通向锅筒的给水旁通，或在省煤器出口处装设通往水箱的循环管。

(4) 省煤器装在上、下烟室之间，应严密不漏风。

(5) 旁通烟道下部应设有清灰孔。

11. 过热器

(1) 对垂直式过热器，在点火时应控制过热器热负荷不至过大，并不断地把管子内积存的水和空气排出，以免把管子烧坏。

(2) 过热器应用无缝钢管制造，其出口集箱或管道上，应装有安全阀、主汽阀、空气阀、疏水阀、压力表和温度表。

12. 空气预热器

（1）空气预热器的管箱进口处应装防磨套管。

（2）管板上相邻的最小间隔应大于或等于10mm。

（3）预热器应有隔板。

13. 加煤斗

（1）应经常检查和疏通煤斗。

（2）煤闸门升降灵活，上部应有盖板。

（3）煤闸门冷却水应保持畅通，门框内耐火混凝土完好。

14. 链条炉排

（1）炉排应采用分段送风，每段风室的外进风道应有调节挡板，开关灵活自如，"开"、"关"标志明显。

（2）链轮轴和后转动轴线平行，以防炉排跑偏。

（3）机械传动装置完好，并符合安全要求，过载保护动作灵活可靠。

15. 砌炉墙及烟墙

（1）砌筑砖衬接缝应严密。

（2）炉墙内衬在垂直和水平方向均应留出膨胀缝，并嵌填石棉绳。

（3）烟墙要密封。

16. 排污阀

（1）蒸发量大于或等于1t/h或工作压力大于或等于0.7MPa的锅炉，应装两个串联的排污阀（快、慢各一）。

（2）锅筒每组水冷壁下集箱的最低处都应装排污阀，无渗漏且有效。

（3）排污管道应平直，尽量减少弯头，保证排污畅通，并接至室外安全地点或排污膨胀箱。采用有压力的排污膨胀箱时，箱上应装安全阀。

17. 检查门

（1）圆形门孔直径不得小于450mm。

（2）门盖内壁应敷设绝缘材料。

（3）检查门启用自如，并有坚固门闩。

18. 炉门及炉排

（1）炉门应有启闭自如的门闩，有隔热式手柄，门盖内有绝缘垫板，门盖上应有看火孔。

（2）炉排透风缝隙的布置方向应有利于疏通灰层。

（3）炉门圈不小于280mm×380mm，下缘应覆盖耐热铸铁炉衬。

（4）炉排上螺栓应紧固。

19. 输煤系统

（1）露天煤场应搭有煤棚。

(2) 储煤斗和溜煤管的内壁光滑，侧壁倾角不宜小于60°，敞口处设栅栏和扶梯。

(3) 用带式运输机输煤走廊的倾角小于12°时通道应有防滑措施，大于或等于12°时应设置踏步，输煤带式输送机的下部应设封底。

20. 除尘及废水排放

(1) 要定期排除灰斗积灰，防堵，并确保除尘效果。

(2) 应综合利用积灰，防止二次污染。

(3) 保持除尘器不漏风，根据锅炉出口烟尘浓度选择除尘器，保证除尘浓度符合要求。

(4) 排出的含酸废水处理，应符合要求后方可排放。

21. 锅炉房

(1) 锅炉房为一、二级耐火等级建筑，若蒸发量小于4t/h可采用三级耐火等级建筑，轻质屋顶。

(2) 锅炉房墙壁与锅炉护墙间隙应小于70mm。

(3) 锅炉房防火通道应大于3.5m。

(4) 砖砌和钢筋混凝土烟囱应装设避雷针，接地电阻小于10Ω。

(5) 必须备有泡沫灭火机、防火砂、灭火给水点。

(6) 锅炉房四周30m内不得有易燃建筑物和堆放可燃物。

(7) 锅炉房内操纵地点及水位表、压力表、温度计、控制箱等处要有足够照明。

(8) 检验用照明灯电压小于12V，在较干燥烟道内有妥善安全措施，应采用不高于36V的供电电压。

(9) 固定式照明距地面或平台工作面低于2.4m时，应用小于36V电压。

(10) 电气设备符合安全要求，接地电阻小于或等于4Ω。

(11) 应备有事故照明。

(12) 各种机械或皮带传动以及吸风口，都要有防护罩。

22. 管道

(1) 管道应沿墙和柱子敷设。

(2) 管道与通到地面的净空高度不小于2m。

(3) 管道最低点应装设疏水阀。

(4) 疏水管、锅炉排污管等管道的排放口应引至安全地点，冬天要保温。

(5) 管道的接口和阀门无"跑、冒、滴、漏"现象。

(6) 管道表面或其保温层应按规定要求涂底色和色环，并有显示箭头表示流向。

二、导热油炉安全要点

1. 导热油炉在运行前，操作人员应做好准备工作，检查供热系统所有阀门开关,应处在工作位置,检查高位储油罐、低位储油罐液位应正常,对导热油炉体、鼓风机、引风机、循环泵进行全面检查,正常方可开机。

2. 导热油炉无论是在备用或者工作状态,都要保证高位储油罐导热油在高液位、低位储油罐导热油在低液位,在工作中如遇到特殊情况,可打开冷油置换阀,供炉体紧急降温之用。

3. 司炉人员必须经常对油炉运行情况巡视检查,并做好有关记录。如发现异常情况,应及时报告主管领导,进行处理。

4. 在操作过程中,如遇到外部供电故障突然停电等紧急情况,首先通知有关领导并立即采取措施。切断外部供电线路,启用自备柴油发电机进行供电,不必进行炉体降温。如果属于控制线路等故障停电时间较长,超过10min,必须采取紧急措施进行炉体降温,必须立即关闭炉体入口的回油阀和出口的出油阀,打开冷油置换出口阀和冷油置换进口阀,进行炉体降温(在此过程必须注意低位储油罐的液位,防止导热油溢出事故),同时采用湿煤压火或者清除燃煤。

停炉时,导热油温度必须降至100℃以下,循环泵方可停止运行。下班前必须检查,应关闭好各种阀门,管道、电气开关确认安全后,方可离开。

5. 压差、压力表指示不稳定时,不得投入使用。

6. 水冷却循环泵运行时,冷却水不得中断。

7. 正常工作时,高位槽内导热油应保持高液位,储油槽的导热油处于低液位。

8. 定期检修各种阀门,防止泄漏,定期给运行机械加润滑油。

9. 导热油出口温度不得超过工作温度,升温速度按升温曲线进行,不得陡然升温或者降温。

10. 启动鼓风机前,必须先开引风机,停止引风机前先停鼓风机。

11. 不符合标准要求的燃煤,不得加入炉膛,紧急停炉时,不得用水浇灌。

12. 运行中循环泵出现故障时,应立即启动备用循环泵工作。反应锅暂时不需要加温或仅需部分供热时,可打开旁路回油阀,同时减少燃煤量和鼓风量。

13. 如果突然停电或者线路故障,循环泵不能运转时,打开冷油置换阀,让冷油流入炉内,回到储油罐。紧急停炉时,停止加煤和鼓风,清除燃煤,采取灭火措施。

14. 导热油炉启动时应先启动循环泵,运转正常后再点火,停机时,必须先停火,待油温降到100℃以下时,才能停止循环泵。

三、起重机械安全要点

1. 钢丝绳

(1) 钢丝表面磨损量和腐蚀量不应超过原直径的40%(吊运炽热金属或危

险品的钢丝绳，其断丝的报废标准取一般起重机的 1/2）。

（2）钢丝绳应无扭结、死角、硬弯、塑性变形、麻芯脱出等严重变形，润滑状况良好。

（3）钢丝绳长度必须保证吊钩降到最低位置（含地坑）时余留在卷筒上的钢丝绳不少于 3 圈。

（4）钢丝绳末端固定压板应≥2 个。

2. 滑轮

（1）滑轮转动灵活、光洁平滑无裂纹，轮缘部分无缺损、无损伤钢丝绳的缺陷。

（2）轮槽不均匀磨损量达 3mm，或壁厚磨损量达原壁厚的 20%，或轮槽底部直径减小量达钢丝绳直径的 50% 时，滑轮应报废。

（3）滑轮护罩应安装牢固，无损坏或明显变形。

3. 吊钩

（1）表面应光洁，无破口、锐角等缺陷。吊钩上的缺陷不允许补焊。

（2）吊钩应转动灵活，定位螺栓、开口销等必须紧固完好。

（3）吊钩下部的危险断面和钩尾螺纹部分的退刀槽断面严禁有裂纹。

（4）危险断面的磨损量不应超过原尺寸的 10%，板钩衬套磨损量不应超过原尺寸的 50%，心轴磨损量不应超过原尺寸的 5%。

4. 制动器

（1）动作灵活、可靠，调整应松紧适度，无裂纹，弹簧无塑性变形、无端边。

（2）制动轮松开时，制动闸瓦与制动轮各处间隙应基本相等。制动带最大开度（单侧）应≤1mm，升降机应≤0.7mm。

（3）制动轮的制动摩擦面不得有妨碍制动性能的缺陷，不得沾涂油污、油漆。

（4）轮面凹凸不平度应＜1.5mm，起升、变幅机构制动轮轮缘厚度磨损量应小于原厚度的 40%，其他机构制动轮轮缘磨损厚度小于原厚度的 50%。

（5）吊运炽热金属、易燃易爆危险品或发生溜钩后有可能导致重大危险或损失的起重机，其升降机构应装设两套制动器。

5. 限位限量及联锁装置

（1）起重机应装上升、下降极限位置限位器。过卷扬限位器应保证吊钩上升到极限位置时能自动切断电源。

（2）运行机构应装设行程限位器和防碰撞装置。

（3）升降机（或电梯）的吊笼（轿厢）越过上下端站 30～100mm 时，越程开关应切断控制电路；当越过端站层位置 130～250mm 时，极限开关应切断主电源并不能自动复位。极限开关不许选用闸刀开关。

(4) 变幅类型的起重机应安装最大、最小幅度防止臂架前倾、后倾的限制装置。当幅度达到最大或最小极限时，吊臂根部应触及限位开关，切断电源。

(5) 桥式起重机驾驶室门外、通向桥架的仓口以及起重机两侧的端梁门上应安装门舱连锁保护装置；升降机（或电梯）的层门必须装有机械电气连锁装置，轿门应装电气连锁装置；载人电梯轿厢顶部安全舱门必须装连锁保护装置；载人电梯轿门应装动作灵敏的安全触板。

(6) 露天作业的起重机械，各类限位限量开关与连锁的电气部分应有防雨雪措施。

6. 停车保护装置

(1) 各种开关接触良好、动作可靠、操作方便，在紧急情况下可迅速切断电源（地面操作的电葫芦按钮盒也应装紧停开关）。

(2) 起重机大、小车运行机构，轨道终端立柱四端的侧面，升降机的行程底部极限位置，均应安装缓冲器。

(3) 各类缓冲器应安装牢固。采用橡胶缓冲器，小车的厚度为 50～60mm，大车为 100～200mm。

(4) 轨道终端止挡器应能承受起重机在满负荷运行时的冲击。起重机应安装超载限制器及超速和失控保护装置。

(5) 桥式起重机零位保护应完好。

7. 信号与照明

(1) 除地面操作的电动葫芦外，其余各类起重机、升降机（含电梯）均应安装音响信号装置，载人电梯应设音响报警装置。

(2) 起重机主滑线三相都应设指示灯，颜色为黄色、绿色、红色。当轨长>50m 时，滑线两端应设指示灯，在电源主闸刀下方应设司机室送电指示灯。

(3) 起重机驾驶室照明应采用 24V 和 36V 安全电压。

(4) 照明电源应为独立电源。

8. PE 线与电气设备

(1) 起重机供电宜采用 TN-S 或 TN-C-S 系统，起重机轨道应与 PE 线紧密相连。

(2) 起重机上各种电气设备设施的金属外壳应与整机金属结构有良好的连接，否则应增设连接线。

(3) 起重机轨道应采用重复接地措施，轨长大于 150m 时应在轨道对角线设置两处接地，但在距工作地点≤50m 内已有电网重复接地时可不要求。

(4) 起重机 2 条轨道之间应用连接线牢固相连。同端轨道的连接处应用跨接线焊接（钢梁架上的轨道除外）。连接线、跨接线的截面要求：圆钢≥30mm²（$\phi 6$～$\phi 8$mm），扁钢≥150mm²（3mm×50mm 或 4mm×40mm）。

(5) 升降机的 PE 线应直接接到机房的总地线上，不许串联。

(6) 电气设备与线路的安装符合规范要求,无老化、无破损、无电气裸点、无临时线。

9. 防护罩、护栏、护板

(1) 起重机上外露的、有伤人可能的活动零部件,如联轴器、链轮与链条、传动带、皮带轮、凸出的销键等,均应安装防护罩。

(2) 起重机上有可能造成人员坠落的外侧均应装设防护栏杆,护栏高度应≥1050mm,立柱间距应≤100mm,横杆间距为350mm,底部围板高70mm(踢脚板)。

(3) 桥式起重机大车滑线端梁下应设置滑线护板,防止吊索具触及(已采用安全封闭的安全滑触线的除外)。

(4) 起重机车轮前沿应装设扫轨板,距轨面≤10mm。

(5) 起重机走道板应采用厚度≥4mm的花纹钢板焊接,不应有曲翘、扭斜、严重腐蚀、脱焊现象。室内不应留有预留孔,如有小物体坠落可能时,孔径应≤50mm。

10. 防雨罩、锚定装置

露天起重机的夹轨钳或锚定装置应灵活可靠,电气控制部位应有防雨罩。走道板应留若干直径50mm的排水孔。

11. 安全标志、消防器材

(1) 应在醒目位置挂有额定起重量的吨位标示牌。流动式起重机的外伸支腿、起重臂端、回转的配重、吊钩滑轮的侧板等,应涂以安全标志色。

(2) 驾驶室、电梯机房应配备小型干粉灭火器,在有效期内使用,放置位置安全可靠。

12. 吊索具

(1) 吊索具应有若干个点位集中存放,并有专人管理和维护保养。存放点有选用规格与对应载荷的标签。

(2) 捆扎钢丝绳的琵琶头的穿插长度为绳径的15倍,而且不小于300mm。

(3) 夹具、卡具、扁担、链条应无裂纹、无塑性变形和超标磨损。

四、厂内机动车辆(含叉车、搬运车)安全要点

1. 离合器分离彻底,结合平稳可靠,无异常声响。
2. 转向装置调整适当,操作方便、灵活、可靠。
3. 燃油、机油箱无渗油。
4. 手脚制动调整适当,制动距离符合要求。车辆不得跑偏,制动距离在2m以内。
5. 仪表、照明、信号及各附属装置安全性能良好。大灯、前后转向灯、刹车灯必须完好。0.5t以上有篷的机动车辆还应装设后视镜和雨刷。

6. 企业应每年定期接受当地质检部门对机动车辆进行年检,应建立年检制度,应有年检记录。

7. 要有厂内机动车辆管理制度。

8. 严禁超速行驶,可以加装限速器,不得急转弯,要在有可视盲区的转弯处设置可视凸镜。严禁无证驾驶,且作业证应在有效期内。

9. 车辆运行时要有声光警报,最好设置车辆专用车道。

10. 叉车不得用于吊装作业。

五、压力容器安全要点

1. 压力容器操作人员的安全教育与持证上岗情况检查

(1) 必须持有效证件上岗。

(2) 特种作业证按期复审。

(3) 操作人员经常接受安全教育。

2. 压力容器情况检查

(1) 新投用压力容器必须有使用许可证,容器上应有明显的Ⅰ、Ⅱ、Ⅲ类容器标识。

(2) 压力容器周期检验情况检查:安全状况等级为1~2级的,每隔6年至少检验一次;安全状况等级为3级的,每隔3年至少检验一次。

3. 压力容器本体状况安全检查

(1) 筒体、人孔、手孔、封头(端盖)等处无泄漏。

(2) 外表面无腐蚀严重现象。

(3) 法兰、接管连接处应无跑、冒、滴、漏现象。

(4) 本体垂直安装在基础面上,不得倾斜。

(5) 支架应牢固,不得有活动现象。

(6) 易燃易爆罐体应有可靠接地装置。

4. 压力容器与外部连接安全检查

(1) 容器与连接管道、构件间应无异常振动、响声、摩擦。

(2) 易燃物料的连接管道应有防静电跨接,安全色标应正确。

(3) 与外部管道连接处不得有松动、错位现象。

5. 安全附件安全检查

(1) 直读式的液位计其液位应当显示清楚,便于观察,而且最高、最低液位有明显标志,防止假液位现象。

(2) 安全阀的安装位置应在容器的顶部位置。

(3) 安全阀应每年检验一次,铅封应完好,记录应齐全,应有安全阀台账。

(4) 安全阀开启压力不得大于设计压力,但应大于最高工作压力。

(5) 安全阀出口应引至安全地点,无泄漏、无锈蚀。

（6）压力表极限刻度值为工作压力的 1.5～3 倍，最好为 2 倍，表盘直径不小于 100mm，压力表的精度符合规定，经校验并在有效期内。

（7）在压力表和压力容器之间装设三通旋塞或者针形阀，而且有开启标记及锁紧装置；用于水蒸气介质的压力表应装有存水弯管。

（8）同一系统上的各压力表的读数应一致。

（9）低压容器压力表精度不低于 2.5 级，中高压容器压力表精度不低于 1.6 级。

（10）压力表表盘玻璃完好、刻度清晰、完好运行。

（11）按规定装设温度计，而且完好、灵敏可靠。

6. 运行安全检查

（1）设备的运行参数，包括压力、温度等在允许范围内，不存在超压、超温运行。

（2）所运行仪器仪表运行参数正常，DCS 数据与直读水位表、压力表等一致。

（3）运行记录上的各项参数记录与实际一致，在允许的范围内。

（4）检修时，必须卸完所有压力，温度到常温时，方可更换附件及维修。

（5）危险区域有醒目的安全警示标牌。

六、压力管道安全要点

1. 压力管道的巡回检查应和机械设备一并进行。

2. 机械和设备出口的工艺参数不得超过压力管道设计或缺陷评定后的许用工艺参数，压力管道严禁在超温、超压、强腐蚀和强振动条件下运行。

3. 检查管道、管件、阀门和紧固件，应无严重腐蚀、泄漏、变形、移位和破裂以及保温层的完好程度。

4. 检查管道应无强烈振动，管与管、管与相邻件应无摩擦，管卡、吊架和支承应无松动或断裂。

5. 检查管内应无异物撞击或摩擦的声响。

6. 安全附件、指示仪表应无异常，发现缺陷及时报告，妥善处理，必要时停机处理。

7. 对生产流程的重要部位的压力管道，穿越公路、桥梁、铁路、河流、居民点的压力管道，输送易燃、易爆、有毒和腐蚀性介质的压力管道，工作条件苛刻的管道，存在交变载荷的管道，应重点进行维护和检查。

8. 压力管道严禁下列作业

（1）利用压力管道作电焊机的接地线或吊装重物受力点。

（2）压力管道运行中严禁带压紧固或拆卸螺栓。开停车有热紧要求者，应按设计规定热紧处理。

(3) 带压补焊作业。
(4) 热管线裸露运行。
9. 压力管道每年至少进行一次在线检测。
10. GC1、GC2、GC3 类管道每 3~6 年至少进行一次全面检测。

七、工业气瓶安全要点

1. 充装前的检查

气瓶在充装前应由专人负责逐只进行检查，检查的主要内容包括以下几项：

(1) 气瓶应是由持有制造许可证的单位制造的，气瓶属于制造单位或者监管部门宣布报废或规定停用或需要复检的产品。

(2) 气瓶改装应符合要求。

(3) 气瓶的原始标识应符合标准和规定，铅印字迹应清晰可见，标识内容包括制作单位名称或代号、气瓶编号、水压试验压力、公称工作压力、实际瓶重、实际容积、气瓶设计壁厚、制造单位检验标记和制造年月、监督检验标记和寒冷地区用气瓶标记。

(4) 气瓶应在规定的检验有效期内。

(5) 气瓶的公称工作压力应符合欲充装气体的充装压力。

(6) 气瓶的颜色、字样应符合《气瓶颜色标记》的规定。

(7) 气瓶的附件应齐全，并符合技术的要求。

(8) 气瓶内有无剩余压力，剩余的气体应与充装的气体相符。

(9) 承装氧气或强氧化性气体的气瓶瓶阀和瓶体是否粘有油脂。

(10) 首次充装气体应经过置换或真空处理。

(11) 瓶体无裂纹、严重腐蚀、明显变形、机械损伤等缺陷。

2. 气瓶充装后的检查

充装气体后的气瓶，应由专人逐只进行检查，不符合要求时进行妥善处理。检查的内容包括：

(1) 瓶壁温度有无异常。

(2) 瓶体有无出现鼓包、变形、泄漏或充装前检验的缺陷。

(3) 瓶阀和瓶口连接处的气密性应良好，瓶帽和防爆圈应齐全完好。

(4) 颜色标记和检验色标应齐全并符合技术要求。

(5) 取样分析瓶内气体纯度及杂质含量应在规定的范围内。

(6) 实测瓶内的气体压力、质量大小应在规定的范围内。

3. 气瓶的定期检验

(1) 气瓶定期检验的周期为：装腐蚀性气体的气瓶每 2 年检验 1 次；装一般气体的气瓶每 3 年检验 1 次；装液化石油的气瓶，使用未超过 20 年的每 5 年检验 1 次，超过 20 年的每 2 年检验 1 次；装惰性气体的气瓶每 5 年检验 1 次。

（2）气瓶检验前要排放瓶内剩余的气体，拆卸瓶帽、防振圈、瓶阀，清理和洗刷瓶内外表面，进行原始标记登记。

（3）气瓶定期检验的项目有外观检查、音响检查、瓶口螺纹检查、内部检查、质量和容积的测定、水压试验和气密性试验。

4. 气瓶的运输安全检查

（1）运输工具上应有明显的安全标志。

（2）佩戴好瓶帽、防振圈，轻装轻卸，严禁抛、滑、滚、碰。

（3）吊装时严禁使用电磁起重机和链绳。

（4）瓶内气体相互接触能引起燃烧、爆炸的气瓶，产生毒物的气瓶，易燃易爆、腐蚀性物或与瓶内气体起化学反应的物品不得同车运输。

（5）气瓶装在车上应妥善固定。

（6）夏季运输应用遮阳设施，避免暴晒。城市的繁华地区应避免白天运输。

（7）严禁烟火，运输可燃气体气瓶时，运输工具上应备有灭火器材。

（8）运输气瓶的车、船不得在繁华市区、重要机关附近停靠。车、船停靠时，司机和押运人员不得同时离开。

（9）装有液化石油气的气瓶不得长途运输。

5. 气瓶的储存

（1）气瓶应置于专用仓库储存，气瓶仓库应符合《建筑设计防火规范》的有关规定。

（2）仓库内不得有地沟、暗道，严禁明火和其他热源。仓库内应经常通风、干燥，避免阳光直射。

（3）盛装易起分解反应或聚合反应气体的气瓶，必须规定储存期限，并避开放射源。

（4）空瓶与实瓶分开放置，并有明显标志；装有毒性气体的气瓶和装有其他气体的气瓶，如果气体相互接触后能够引起燃烧、爆炸或产生毒物时，气瓶应当分室放置，并在附近设置防火用具或灭火器材。

（5）气瓶要放置整齐，戴好瓶帽。

6. 气瓶的使用

（1）不得擅自更改气瓶的颜色标记和铅印。

（2）使用前应进行安全状况检查，确认盛装的气体。放置地点不得靠近火源，离明火 10m 以外。

（3）气瓶立放时应采取防止倾倒的措施。

（4）夏季应防止暴晒。

（5）严禁敲击、碰撞。

（6）严禁在气瓶上进行电焊引弧。

(7) 严禁用超过40℃的热源对气瓶进行加热。
(8) 瓶内气体不得用尽，必须留有剩余压力。
(9) 在可能造成回流的场合，设备上应配有防止倒灌的装置。
(10) 气瓶投入使用后不得对瓶体进行挖补、焊接修理。
(11) 液化石油瓶用户不得将气瓶内液化石油气向其他气瓶倒装，不得自行处理瓶内剩余残液。

7. 气瓶改装的要求

气瓶改装是指在用气瓶、尚未投入使用的气瓶或定期检验剔出降压使用的气瓶，因需要由原盛装气体改为盛装另一种气体。气瓶改装工作由气瓶定期检验单位负责进行。

(1) 根据气瓶制造铅印标记和安全状况，确定改装后充装的气体和气瓶的公称工作压力。
(2) 对气瓶进行彻底清理、冲洗、干燥，换装相应的瓶阀和其他附件。
(3) 按照规定打检验钢印和涂检验色标，并按照改装后盛装的气体更改气瓶的颜色、字样和色环。
(4) 将气瓶改装情况通知其产权单位，记入气瓶档案。

8. 气瓶事故的处理

当气瓶受到外界火焰威胁时，若火焰尚未波及气瓶，应全力扑灭；若火焰已波及气瓶，应将气瓶转移到安全地方或喷射大量水进行冷却；若火焰发自瓶阀，应迅速关闭瓶阀，切断气源。

当气瓶发生泄漏事故时，应根据气瓶的泄漏部位、泄漏量、泄漏气体性质及影响情况，就地阻止。如不能阻止，可根据气瓶盛装气体的性质，将泄漏的气瓶浸入到冷水池中或石灰池中使之吸收；若有大量的毒性气体泄漏，周围人员需迅速疏散，并穿戴防护用品进行处理；如果是可燃气体泄漏，应迅速处置，做好各项灭火工作，喷水冷却。

八、电梯安全要点

1. 电梯日常管理要求

(1) 配备专职电梯管理人员，对有司机的电梯，应配有受过专门技术培训的专职司机，能够正确操作电梯和处理运行中出现的各种紧急状况。
(2) 有经过培训专职维修保养人员，并建立值班制度。

2. 建立严格的检查保养制度

(1) 每部电梯应设有维修保养工作日志、运行记录、故障报修单、交接记录。
(2) 电梯机房应有"周期性检查加油部位表"，以及"机房、井道、底坑安全操作"制度。

（3）每天对机房进行巡视检查，发现异常及时排除。随时注意轿厢的停站位置，同时保持轿厢与厅门口的清洁卫生，特别注意地坎槽中是否掉入杂物。轿内严禁存放异物。

（4）对主要安全装置仔细检查，发现问题及时处理；检查各润滑部位，按"周期检查加油"制度进行，补充新油。

（5）除月检内容外，对电梯的控制系统（包括接触器、继电器、过流、过压欠压、过热保护、相序保护、熔断器、电阻器、各电气元件和接线端子等）及各传动部分（如曳引机、导向轮、曳引钢丝绳、轿顶反绳轮、平衡绳轮、导靴、开关门传动系统等），进行全面检查，并进行必要的调整和修理。

（6）每年组织有关技术管理人员进行一次全面性的设备检查鉴定工作，对电梯的工作状况做出质量评价，制订年度保养工作计划，修复、更换磨损的主要部件。对电梯的专用保护地线每年试验一次，保证接地电阻值不大于 4Ω，测试检查工作在每年春季进行。

（7）临时性检查制度。当电梯停用时间较长或地震、火灾后，都需要进行全面性的检查方能投入使用。电梯在长期停用期间，应断开机房的总电源。

3. 制定维护保养工作规程

（1）季检和年检应由两人以上进行，确保安全可靠。

（2）电梯在检修、检验及打扫卫生时（包括加油），应断开机房的总电源开关。厅门悬挂"检修停用"的标示牌，检修运行时，不准载货或载客。

（3）进入底坑作业时，应将底坑检修急停开关断开，以保安全。

（4）进入轿顶检修时，应断开轿顶急停开关。

（5）轿顶或底坑检修时，使用的手灯其工作电压应为 36V 安全电压，双线圈变压器。

（6）严禁维修人员在未采取安全措施前在厅门地坎探身到轿顶作业。

（7）不准短接厅门门锁和轿门电气接点进行快车运行的检修。

（8）轿厢内应悬挂司机"操作规程"和"乘梯须知"。

4. 机房、井道、候梯间管理制度

（1）电机机房除有关人员外，其他人员严禁入内。

（2）机房应该有加锁的安全防护铁门。

（3）机房要保持干燥、清洁、通风良好，机房温度过高时，应有降温的安全措施。

（4）井道内除电梯设备外，不得存放其他杂物。

（5）候梯间不得堆放杂物，保证出入畅通。

5. 因故障突然停梯时，当轿厢地坎高出厅门地坎 600mm 时，未采取可靠的安全措施前不准出入轿厢，以保安全。

第十三部分 公用单元安全要点

一、空压房安全要点

1. 压力表、安全阀、排污装置、给水泵等性能应符合要求,其他各类阀门的开关状态应处于需要的状态。
2. 给水系统,包括储水池的水位、给水温度、给水设备、水处理设备等状况应符合要求(水冷机组)。
3. 自动控制装置系统,包括水位、水温装置及各种联锁装置、显示控制系统等性能状态应符合要求(水冷机组)。
4. 空压系统,包括润滑的油位、输入线路及中间设备等的状况应符合要求。
5. 冷却系统,包括散热风扇、给水设备、管道等状况应完好、保证空压房设备运行时冷却效果良好,确保设备正常运行。
6. 每周最少检查一次压力表,安全阀应灵敏可靠(手动检测安全阀),超温、超压报警联锁装置应正常。
7. 每班检查空压房设备的运行情况以及交接班情况、空压房设备的运行情况、现场卫生情况、空压工劳保用品穿戴、空压房设备日常维护保养情况。
8. 每周最少检查一次消防,设施应完好,疏散通道应畅通,疏散应急装置应完好;检查空压设备的润滑情况、水位控制装置的完好情况、超温、超压报警联锁装置的完好情况、电气控制线路、控制柜的积尘及接线情况、设备维修保养情况等。
9. 空压房设备日常运行、维护保养、安全附件及控制联锁装置的记录应详细。
10. 交班时由双方共同按巡回路线逐点逐项检查,将要交接的内容和存在的问题认真记录在案。
11. 压力表正常运行时每周冲洗一次,每半年至少校验一次,并在刻度盘上划指示工作压力红线,校验后铅封。
12. 空压设备应正常,排污装置应灵敏。
13. 固定支架应牢靠,压力容器进出口连接管道应无跑气、渗漏现象。

二、制氧站安全要点

(一)设备检查

1. 制氧站内平面布置

(1) 氧气站生产多种产品需要灌瓶和储瓶时，灌氧间、空瓶间和实瓶间应分别设置。

(2) 若空瓶、实瓶在同一灌氧间内时，空瓶和实瓶必须分开存放，并用墙隔开，不得直通。数量不得超过50瓶。空、实瓶之间可合并，但要用栏杆相隔。

(3) 空瓶间、实瓶间应设装卸平台，平台宽一般为2m，平台高度按气瓶运输工具的高度确定，一般高出地平0.4～1.1m。装卸台应备有防漏、防火设施。

(4) 灌氧车间的生活室应与灌瓶间和实瓶间隔开。

(5) 制氧站房四周应设围墙或栅栏。

2. 站房建筑与结构

(1) 制氧生产过程的火灾危险性属乙类，主要车间建筑物的耐火等级不宜低于二级。

(2) 氧气压缩机间、氧气储气囊间、灌瓶间、空瓶间、储气罐间、净化间等相互之间及与其毗连的房间，应采用无孔洞、管道且耐火极限不低于1.5h的防火墙隔开，隔墙上的门的耐火极限应不低于0.6h。

(3) 碱液设备周围的地面，应有防止碱液腐蚀的措施。灌瓶间和实、空瓶间的地面为沥青混凝土，而且平整、不起灰尘、耐磨、防滑。

(4) 液氧槽附近0.9m范围内，不应铺设沥青路面，液氧槽的基础应用难燃烧材料建造。

(5) 氧气压缩机间、净化间和储气罐间均应有安全出口。

(6) 主要生产车间的门窗向外开，木制门窗涂防火漆。灌瓶间、实瓶间和储气囊间以及独立的瓶库的门窗玻璃均应涂白色或采用毛玻璃，以防阳光直射气瓶或气囊。

3. 设备布置

(1) 设备的布置应方便安装、操作和维修，并符合：

① 设备之间净距，一般为1.5m；

② 设备为双排布置时，两排之间净距不小于2m；

③ 设备与墙壁之间的通道宽，应不小于1m；

④ 灌瓶间、气瓶间、实瓶间的通道宽度为1.5m。

(2) 布置在制氧间内的储气囊，不应放在氧压机的顶部，储气囊与设备的水平距离应不小于3m，并有安全防火围墙。在储气囊入口管道上应设安全水封，水封的放散管应伸出室外。

(3) 氧气储罐之间或与可燃性气体储罐之间的净距应不小于相邻两罐中较大者之半径。

4. 活塞式空气压缩机

(1) 油路、水路和汽路应畅通，无内泄外漏现象。

(2) 空压机的空气进口处离地面高度应不低于10m，并有完整、有效的空气过滤器。

(3) 应定期清除排气管道和气阀中的积灰，保持排气管道清洁、畅通。

(4) 各种安全阀、压力表及温度计等齐全、灵敏、清晰可靠。

5. 氧气压缩机

(1) 机身、曲轴箱等主要受力部件，严禁有影响强度和刚度的缺陷，安装时，必须按设备说明书进行。所有紧固件必须拧紧，并有防松措施。

(2) 外露的联轴器、皮带及皮带轮等应设防护罩。

(3) 氧压机的活塞与气缸之间严禁用油润滑，应用蒸馏水或高级纯水加甘油作润滑剂。

(4) 润滑油泵应运转正常，油压稳定，油路畅通，油质清洁。

(5) 水冷系统及气路系统应无泄漏现象。

(6) 气缸和冷却器的冷却水量充足，不得断水。

(7) 各种安全阀、压力表、温度计应灵敏可靠。

6. 分馏塔

(1) 分馏设备必须保持良好的气密性，有泄漏需及时修理。

(2) 所有阀门应完整、无泄漏，操作灵活。

(3) 在乙炔、碳氢化合物积聚量超过允许值时，应及时排放部分液氧。停车时间较长时，应将设备内的液氧、液态空气放掉。

(4) 必须排放液氧时，应用管道引至室外无油脂、无火源及其他易燃物的安全处。废气排放亦应引至室外2m以上高处。若对地排放应有明显标志，以免有人在该处停留引起窒息。

(5) 分馏塔、主冷凝蒸发器、液态空气吸附器和液氧吸附器及管道等，均应可靠接地，接地电阻不大于10Ω。分馏塔须设防直接雷击的接地装置时，应与上述接地装置分别设置，以免雷击时发生反击。

7. 储气罐

(1) 储气罐不应有泄漏和变形，罐内清洁，无油脂、杂物。

(2) 储气罐应有超压报警和压力自调系统。各种减压阀、自动调节阀应灵敏可靠，而且无油脂，安全阀灵敏可靠。

(3) 储气罐的水槽和放水管冬季应有防冻措施。

8. 氧气灌充与储存

(1) 灌充器前应设高度不低于2m的防护墙。

(2) 控制阀、压力表及安全阀等应集中布置在控制屏上。

(3) 氧气瓶应严格进行检查和脱脂去油，占有油脂或气瓶温度超过45℃时不许充氧。充灌气瓶时，应将气瓶固定可靠，以防冲倒。

9. 氧气管道

(1) 氧气管道的阀门和管件应按以下原则选用：

① 氧气阀门的密封填料严禁使用含油或可燃性材料；
② 氧气阀门的密封圈，应以不锈钢或有色金属材料制造；
③ 氧气工作压力大于 $10N/cm^2$ 时，宜用截止阀，不宜用闸阀；
④ 氧气管道应尽量减少弯头和分岔头。

（2）车间之间的氧气管道应尽可能架空敷设，必要时，应单独安设在非燃烧体的地沟内。但地沟不得与其他地沟相通，并应有盖板。

（3）厂区氧气管道不应穿过火焰和高温区，必需时应采取隔热措施，并保证管壁的温度不高于60℃。

（4）沿墙、梁柱敷设的氧气管道，其管底至地面高度应不大于2.2m。

10．安全附件

（1）安全阀应启闭灵敏可靠，与氧接触的安全阀必须严格去油，并每半年校验一次，而且有铅封。

（2）测量油压和气压的压力表，其量程分别为工作压力的1.4～2倍和1.5～3倍，表盘直径不小于100mm，有标迹线并铅封。

（3）压力表指示灵敏清晰，表盘玻璃完整，卸压后指针回零位。测量氧气压力和空气压力的压力表禁止互换使用。

（4）测温度的表应完好清晰。

（二）行为检查

1．凡与氧气接触的设备均应严禁沾染油污。

2．制氧设备、受压容器和管道的修理，应在卸压后进行，禁止在受压状态下拧紧螺丝。

3．凡与氧接触的设备、容器、管道、阀门等需要动火修理，应用无油干燥的空气或氮气置换、吹洗，取样化验合格（空气含氧量不超过22%），并办理动火手续方能动火，动火时，要有人监护。

4．氧气管道操作维护注意事项

（1）氧气阀门必须缓慢操作，重要阀门操作要有监护。

（2）气管道冻结，严禁用火解冻。

5．制氧站及氧气管道设有防雷接地时，每年雨季前检查一次。

6．氧气管、压缩空气管及水管等外表应按规定涂油漆。

7．制氧站内严禁用明火采暖。

（三）作业环境

1．主要设备应有清晰的铭牌和各种安全指示、标志。

2．制氧间、灌氧间和仓库及氧气站周围20m，严禁烟火，并在站区、厂房醒目处设"严禁烟火"的安全标志。

3．消防器材必须齐全有效。

4．设备近处禁止摆放油桶油壶等。

5. 灌瓶间、氧压机间和储气囊间的电器设备和照明应有防火措施,并符合规定。

6. 废碱液排放,应符合 GBJ 4—73 的规定。

三、天然气使用安全检查

1. 明确天然气区域的安全保护范围:天然气调压站、前置站红线外 6m 范围内的区域;天然气管道的管壁外缘两侧 6m 范围内的区域。

2. 在天然气设施安全保护范围内,禁止下列行为:

(1) 擅自兴建与天然气设施无关的建筑物、构筑物。

(2) 进行危害天然气设施安全的作业。

(3) 存放易燃易爆物品或者倾倒、排放腐蚀性物品。

(4) 机动车辆启动、通行。

(5) 其他可能危害天然气设施安全的行为。确需在天然气设施安全保护范围内进行可能影响燃气设施安全作业的,必须在作业前采取确保燃气设施安全的措施后,在有关安全部门的监护下作业。

3. 进入天然气区域的安全保护范围的所有人员严禁穿带钉鞋、携带手机、对讲机(非防爆型)、火种、易燃易爆品。当进入操作区(红色区域)包括防爆对讲机也应关闭。

4. 生产区和办公区划分开,进入生产区域的人员必须穿防静电工作服(全棉面料,防止产生静电火花)。生产区入口处设置放电球,凡进入生产区人员必须在放电球处放掉身体静电后方可进入。

5. 阀门的开关尽量不要使用扳手,确需使用必须使用铜制扳手。

6. 配备足够的消防器材。配置的消防器材严禁挪作它用。

7. 禁止总重 10t 以上的车辆或者大型施工机械通过地下敷设有天然气管道的车道。如确需通行,必须经安全部门同意,并采取安全保护措施,经检验合格后方可通行。

8. 在天然气设施的现场、敷设有燃气管道的道路交叉口及重要燃气设施上应设置明显的安全警示标志,并在生产场所设置燃气泄漏报警装置。

9. 应当保护有关天然气设施设置的安全警示标志。禁止毁坏、涂改或者擅自拆除、迁移燃气设施安全警示标志。

10. 天然气区域及安全保护范围严禁烟火以及一切明火作业。确需动火的,要建立分级审批制度,由动火作业单位填写动火审批报告和动火作业方案,并按级向安全管理部门申报取得动火许可后方可实施。在动火作业时,必须在作业点周围采取保证安全的隔离措施和防范措施。

11. 定期对天然气设备进行全面检测,定期对天然气管道进行一般性检测。

新建管道必须在一年内检测，以后视管道安全状况每一至三年检测一次。对检测不合格或存在隐患的管道段，应当立即采取维修等整改措施，以保证管道运行安全。

12. 凡在天然气管道及设施附近进行施工、检修，有可能影响管道及设施安全运行的，施工过程中，应当根据需要进行现场监护。施工单位应当在施工现场设置明显标志，严禁明火，保护施工现场中的燃气管道及设施。

13. 禁止用易产生火花的工具敲击设备、开启阀门。在天然气管道及设备上进行检修工作时，必须进行置换，确保管线、设备内天然气浓度＜0.5％后方可打开管线、设备。

14. 用检漏仪检查系统各法兰及阀门处无泄漏（每班不少于三次检漏）。

15. 天然气埋地管线走向必须有明显标志标示，并有走向黄线。

第十四部分 职业健康监护要点

1. 应按职业危害因素类别分别建立作业员工花名册。
2. 职业健康检查应由省级卫生行政部门批准从事职业健康检查的医疗卫生机构实施。
3. 企业应组织接触职业病危害因素的员工进行上岗前职业健康检查。
4. 企业不得安排未经上岗前职业健康检查的员工从事接触职业病危害因素的作业。
5. 企业不得安排有职业禁忌的员工从事其所禁忌的作业。
6. 不得安排未成年工从事接触职业病危害的作业。
7. 不得安排孕期、哺乳期的女职工从事对本人和胎儿、婴儿有危害的作业。
8. 应组织接触职业病危害因素的劳动者进行离岗职业健康检查。
9. 对未进行离岗时职业健康检查的员工，不得解除或终止与其订立的劳动合同。
10. 当发生分立、合并、解散、破产等情形时，应对从事接触职业病危害作业的员工进行健康检查，并按照国家有关规定妥善安置职业病病人。
11. 职业健康检查应根据所接触的职业危害因素类别，按《职业健康检查项目及周期》的规定确定检查项目和检查周期。
12. 职业健康检查应填写《职业健康检查表》。
13. 从事放射性作业劳动者的健康检查应填写《放射工作人员健康检查表》。
14. 发现职业禁忌或者有与所从事职业相关的健康损害的劳动者，应及时调离原工作岗位，并妥善安置。
15. 禁忌证范围原则上按照下列的病症清单掌握，职业禁忌证诊断由体检机构决定。主要职业危害作业的禁忌证如下。

（1）粉尘职业禁忌证（12种尘肺范围）：活动性肺结核，慢性肺部疾病，严重的慢性上呼吸道或支气管疾病，显著影响肺功能的胸膜（胸廓）疾病，严重的心血管系统疾病。

（2）苯职业禁忌证：就业前体检时血象指数低于或接近正常值下限者，各种血液病，严重的全身皮肤病，月经过多或功能性子宫出血。

（3）铅职业禁忌证：明显贫血，神经系统器质性疾病，明显的肝、肾疾病，妊娠和哺乳期妇女。

（4）锰职业禁忌证：神经系统器质性疾病，明显的神经官能症，各种精神病，明显的内分泌疾病。

（5）铬酸（酐、盐）职业禁忌证：严重的慢性鼻炎，副鼻窦炎，萎缩性鼻炎和明显的鼻中隔偏曲，严重的湿症和皮炎。

（6）氟职业禁忌证：地方性氟病，骨关节疾病（如类风湿性关节炎，强直性脊柱炎，骨关节病，骨关节畸形等），明显的心血管，肝，肾疾病，明显的呼吸疾病。

（7）高温作业禁忌证：高血压，心脏疾病，心率增快（有心动过速史，并有三次以上心率≥120次/min的病史），糖尿病，甲状腺机能亢进，严重的大面积皮肤病。

（8）噪声职业禁忌证：耳部疾病，高血压，心脏疾患，严重的神经衰弱，神经精神疾患，内分泌疾患。

16. 应按规定建立职业危害作业人员健康档案并妥善保管。

17. 应定期对职业危害作业员工健康档案进行分析，且分析内容包含职业危害作业员工的分布情况、重点部位、发展趋势等。

18. 企业的总平面布置，在满足主体工程需要的前提下，应将污染危害严重的设施远离非污染设施。

19. 应将产生高噪声的车间与低噪声的车间分开。

20. 应将热加工车间与冷加工车间分开。

21. 应将产生粉尘的车间与产生毒物的车间分开。

22. 应在产生职业危害的车间与其他车间及生活区之间设有一定的卫生防护绿化带。

23. 放散不同有毒物质的生产过程布置在同一建筑物内时，毒性大与毒性小的应隔开。

24. 粉尘、毒物的发生源应布置在工作地点的自然通风的下风侧。

25. 产生粉尘、毒物或酸碱等强腐蚀性物质的工作场所，地面应平整防滑，易于清扫，并且有冲洗地面、墙壁的设施。

26. 产生剧毒物质的工作场所，其墙壁、顶棚和地面等内部结构和表面，应采用不吸收、不吸附毒物的材料，必要时加设保护层，以便清洗。

27. 应根据车间的卫生特征设置浴室、存衣室、盥洗室。

28. 职业危害作业人员应配备和使用必要的、符合要求的防护用品。

29. 应告知从业人员工作过程中可能产生的职业危害及其危害后果，并在作业场所设置职业危害警示标识。

30. 应及时、如实申报存在的职业危害。

第十五部分 承包商安全要点

1. 应建立并严格执行承包商管理制度。
2. 应建立合格承包商名录、档案（包括承包商资质资料、表现评价、合同等资料）。
3. 应对承包商进行资格预审，选择具备相应资质、安全业绩好的企业作为承包商。
4. 承包商资格审查的内容包括：
（1）承包商过去的安全业绩表现资料。
（2）工商营业执照、服务类型、经营范围和资质证书。
（3）审查承包商安全计划书。
（4）特种作业人员操作证。
（5）承包商安全管理机构、主要负责人及安全管理人员的有关信息。
（6）安全管理规章制度。
（7）承包商负责人、工程技术人员和特殊工种人员资格证书。
（8）承包商员工不应是老、弱、病、残等。
5. 应向承包商进行作业现场安全交底，其内容包括：作业现场的特点、主要危险和应急处理措施、进入现场的安全注意事项。
6. 应签订安全协议，对承包商的所有人员进行三级安全教育并有记录。
7. 承包商作业时应要执行与企业完全一致的安全作业标准。
8. 对作业过程应进行监督检查。
9. 应严格控制工程分包，严禁层层转包。
10. 要检查监督承包商在施工中的安全活动；管理部门应采取定期和随机检查的形式对承包商的安全状况进行监督检查，并将检查结果予以记录。
11. 承包商应该有必需的安全资源配置：
（1）按要求配备安全员。
（2）承包商员工资质符合要求，特种作业人员持证上岗。
（3）承包商为人员配备必要的个人防护用品。
（4）承包商配备符合安全要求的设施、设备。
（5）承包商配置必需的安全防护器具、安全标志等。
12. 工程主管部门和施工所在地单位应负责施工全过程的安全监督管理工作。

13. 承包商应禁止患有高血压、心脏病、癫痫病的人员从事施工及高空作业。

14. 承包商必须按规定办理各种作业票证。未经许可不准乱动企业的任何设备、管道、开关、阀门，不准擅自乱接水、电、风、汽等管。

15. 工程项目完工后，企业工程项目管理部门对施工单位的施工进度、工程质量和安全执行情况进行评价。将评价情况交施工单位，同时抄送企业安全生产管理部门备案，汇入承包商档案。

第十六部分 建筑施工安全要点

一、基坑支护

1. 应经项目分管负责人组织有关部门验收合格后作业。
2. 基坑支护与降水工程施工方案,应经施工单位技术负责人、总监理工程师签字后实施。
3. 开挖深度超过3m(含3m)或虽未超过3m但地质条件和周边环境复杂的基坑(槽)支护、降水工程,应编制专项施工方案。
4. 开挖深度超过3m(含3m)的基坑(槽)的土方开挖工程,应编制专项施工方案。
5. 超过2m深的基坑四周要有两道栏杆的护栏,作业人员上下基坑应搭设1∶3的专用通道。
6. 止水帷幕未渗漏水,做好地下水排水及监测。
7. 积土、料具堆放距槽边距离不应小于设计规定。
8. 机械开挖土方及回填,应确定作业人员进入机械作业范围内进行清理或找坡作业的安全措施。
9. 坑槽开挖设置的安全边坡要符合施工设计方案,积土、机具设备、临时设施等与槽边距离要大于设计规定。
10. 基坑施工要设置有效的排水措施,深基础施工采用井点降水的要有防止临近建筑危险沉降的措施,坑边要防止坑外的水流入基坑中冲刷坑壁。
11. 基坑支护应进行变形监测,发现支护产生局部变形要立即采取措施;对临近建筑和重要管线、道路也应进行沉降观测。
12. 施工机械进场要验收,司机要交底、要持证上岗,挖土机开挖程序、作业位置要有方案。
13. 基坑内作业人员应有安全立足点,坑内作业有防中毒、防火和充足的照明等措施,垂直作业有上下隔离防护措施,有足够的照明。
14. 开挖深度超过5m(含5m)的基坑(槽)的土方开挖、支护、降水工程,应组织专家论证审查,出具书面论证报告。
15. 开挖深度虽未超过5m,但地质条件、周围环境和地下管线复杂,或影响毗邻建筑(构)物安全的基坑(槽)的土方开挖、支护、降水工程,应组织专家论证审查，出具书面论证报告。

16. 监理单位应当将危险性较大的分部分项工程列入监理规划和监理实施细则，应当针对工程特点、周边环境和施工工艺等，制定安全监理工作流程、方法和措施。

二、模板工程

1. 模板工程安装后，应由现场技术负责人组织验收合格后作业。
2. 模板工程专项施工方案，应经施工单位技术负责人、总监理工程师审批签字后实施。有符合实际经审批的施工方案和支撑系统设计计算书，并根据混凝土输送方法制定有针对性的安全措施。交底详细、具体，符合施工方案。
3. 各类工具式模板工程：包括大模板、滑模、爬模、飞模等工程，应编制专项施工方案。
4. 混凝土模板支撑工程：搭设高度 5m 及以上、搭设跨度 10m 及以上、施工总荷载 $10kN/m^2$ 及以上、集中线荷载 $15kN/m^2$ 及以上、高度大于支撑水平投影宽度且相对独立无联系构件的混凝土模板支撑工程，应编制专项施工方案。
5. 承重支撑体系：用于钢结构安装等满堂支撑体系，应编制专项施工方案。
6. 模板拆除应经拆模申请批准，拆模强度应符合设计规范要求。
7. 各类模板存放整齐、不超高，大模板存放有防倾倒措施，模板上的施工荷载不得超过设计规定。不准直接在板条天棚或隔音板上通行及堆放材料。必须通行时，应在大楞上铺设脚手板。
8. 在绑扎钢筋、粉刷墙面、支拆模板时作业人员如无可靠立足点，作业面应有安全防护设施。
9. 模板及其支撑体系的施工荷载，不应超过设计计算要求。
10. 采用桁架支模应严格检查，发现严重变形、螺栓松动等应及时修复。
11. 支撑系统、支模立柱的材料、立柱间距符合设计要求，立柱底的底座、垫板的尺寸材料符合规定，不得用砖块、钢模板作垫板。模架载荷不得由外脚手架承担。支模应按工序进行，模板没有固定前，不得进行下道工序。禁止利用拉杆支撑攀登上下。
12. 支设 4m 以上的立柱模板，四周必须顶牢。操作时要搭设工作台；不足 4m 的，可使用马凳操作。
13. 支设独立梁模应设临时工作台，不得站在柱模上操作和在梁底模上行走。
14. 拆除薄腹梁、吊车梁、桁架等预制构件模板，应随拆随加顶撑支牢，防止构件倾倒。
15. 在坡度大于 25°的屋面上操作，应有防滑梯、护身栏杆等防护措施。

16. 木屋架应在地面拼装，必须在上面拼装的应连续进行，中断时应设临时支撑。屋架就位后，应及时安装脊檩、拉杆或临时支撑。吊运材料所用索具必须良好，绑扎要牢固。

17. 模板制作使用木工机械应遵守木工机械使用安全操作规程。

18. 高处2m以上作业要有可靠的施工立足点（如操作平台层高3.2m以上的支撑工程应先搭设操作架后进行支模，作业面的孔洞下设安全平网，临边有1.5m以上的双排防护栏杆或其他防护措施，垂直作业上下有隔离防护措施）。

19. 模板起吊前，应检查吊装和绳索，卡具及每块模板上的吊环应完整有效，并应先拆除一切临时支撑，经检查无误后方可起吊。模板起吊前，应将吊车的位置调整适当，做到稳起稳落，就位准确，禁止用人力搬动模板，严防模板大幅度摆动或碰到其他模板。

20. 筒模可用拖车整体运输，也可拆成平模用拖车水平叠放运输，垫木必须上下对齐，绑扎牢固，用拖车运输，车上严禁坐人。

21. 在现浇结构安装作模板时，必须将悬挑部分固定、位置调整准确后，方可摘钩，外模安装后，要立即穿好销杆，紧固螺栓。安装外模板的操作人员必须挂好安全带。

22. 在模板组装或拆除时，指挥、拆除和挂钩人员，必须站在安全可靠的地方方可操作，严禁人员随大模起吊。

23. 大模板必须有操作平台、上下梯道、走道和防护栏杆等附属设施，如有损坏，应及时修理。

24. 模板安装就位后，要采取防止触电的保护措施，要设专人将大模板串连起来，并同避雷接通，防止漏电伤人。

25. 大模板拆除后，应及时清除模板上的残余混凝土，并涂刷脱板模剂，在清扫和涂刷脱离剂时，模板要临时固定好，板面相对停放的模板之间，应留出50~60cm宽的人行道，模板上方要用拉杆固定。

26. 工具式模板工程：包括滑模、爬模、飞模工程。应组织专家论证审查，出具书面论证报告。

27. 混凝土模板支撑工程：搭设高度8m及以上，搭设跨度18m及以上、施工总荷载15kN/m² 及以上，集中线荷载20kN/m² 及以上，应组织专家论证审查，出具书面论证报告。

28. 承重支撑体系：用于钢结构安装等满堂支撑体系，承受单点集中荷载700kg以上，应组织专家论证审查，出具书面论证报告。

29. 监理单位应当将危险性较大的分部分项工程列入监理规划和监理实施细则，应当针对工程特点、周边环境和施工工艺等，制定安全监理工作流程、方法和措施。

三、"三宝"、"四口"、"临边防护"

(一) 安全帽

1. 安全帽应符合 GB 2811—2007，零件齐全、功能有效。
2. 按规定系紧上颚（下颚）带。
3. 正确佩戴安全帽。
4. 台账记录应清楚（含产品标识、合格证、出厂检验、进货检验、保质期限、购买发票等）。

(二) 安全网

1. 安全网符合 GB 5725—97 标准。
2. 在建工程脚手架外侧应用阻燃密目式安全网封闭。
3. 架子外侧、楼层临边、井架外侧等处设置的密目式安全网，应跟上施工进度要求。
4. 施工层以下每隔 12m，应用平网或其他措施封闭。
5. 作业层的脚手板下部应用安全网兜底。

(三) 安全带

1. 安全带符合标准要求。安全带应有厂家生产许可证、购买发票、合格证等，符合 GB 6095—2009 标准。
2. 安全带悬挂正确，高挂低用。
3. 悬（高）空作业应按规定佩戴安全带。

安全帽、安全带、安全网三件宝要定期检查，不符合要求的严禁使用。

(四) 临边作业

1. 临边高处作业，应设置防护措施。
2. 临边防护符合要求。
3. 现场不使用滑槽。
4. 基坑周边，尚未安装栏杆或栏板的阳台、料台与挑平台周边、雨篷与挑檐边、屋外脚手的屋面与楼层周边及水箱与水塔周边等处，都必须设置防护栏杆。
5. 分层施工的楼梯口和梯段边，必须安装临时护栏。对于主体工程上升阶段的顶层楼梯口应随工程结构进度安装正式防护栏杆。回转式楼梯间应支设水平安全网，每隔 4 层设一道水平安全网。
6. 井架与脚手架等与建筑物通道的两侧边，必须设防护栏杆。地面通道上部应装设安全防护棚。双笼井架通道中间，应予分隔封闭。
7. 垂直运输接料平台，除两侧设防护栏杆外，平台口还应设置安全门或活动防护栏杆。

8. 阳台边、框架楼板面无外脚手时应设两道边接可靠的防护栏杆,并采用密目式安全网防护,封闭阳台栏板应随工程结构进度及时进行安装。

(五) 楼梯口

1. 楼梯口应设置防护栏杆。

2. 防护设施应形成定型化、工具化,应有安全电压照明。

3. 楼梯必须设两道防护栏杆,楼梯口空间距离较大时,应每隔两层设安全平网,楼梯平台应采取防护措施。

(六) 电梯井口

1. 电梯井内每隔两层(不大于10m)应设置一道安全平网,施工中不得拆除。

2. 井口须安装高120cm定型栅栏,并挂醒目警示标志。随工程主体施工搭设井内脚手架,并每层封闭,井内主体结束后每隔两层设一道安全平网。防护栏杆、防护栅门应符合规范规定。

3. 防护设施应形成工具化、定型化,施工中不得拆除。

4. 电梯井道防护安全网,待安装电梯搭设脚手架时,每搭到安全网高度时方可拆除。

5. 电梯井道内的安全防护措施,必须由脚手架保养人员定期进行检查、保养,发现隐患及时消除。

6. 张设安全网及拆除井道内设施时,操作人员必须戴好安全带,挂点必须安全可靠,进入电梯井道清除垃圾必须正确佩戴安全带,并挂在可靠处,并派专人进行监护。

(七) 预留洞口

1. 预留洞口应有防护,施工中形成的洞口的防护设施要工具化、定型化。坑井口周边设两道防护栏杆,夜间设置红灯警示;坑基口要及时加盖。

2. 防护应符合规范规定。

3. 150cm以下的洞口应设置工具化、定型化盖板或贯穿性钢筋,150cm以上的洞口四周应设两道防护栏杆,洞口下设安全平网。

(八) 坑井

1. 应设置稳固的盖件。

2. 应设安全标志。

3. 夜间应设红灯警示。

(九) 通道口

1. 应设防护棚,底层过道、人员出入通道均应设可靠牢固的防护棚,棚宽大于道口。

2. 防护棚设置应符合规范要求。

四、施工临时用电

施工临时用电应符合《施工现场临时用电安全技术规范》JGJ 46—2005。

1. 临时用电工程应经编制、审核、批准部门和使用单位共同验收合格后投入使用。

2. 临时用电组织设计及变更时，应履行"编制、审核、批准"程序，总监理工程师应签字。

3. 临时用电工程定期检查，应履行复查验收手续。

4. 建筑施工现场临时用电工程专用的电源中性点，直接接地的 220/380V 三相五线制低压电力系统，应采用三级配电系统；应采用 TN-S 接零保护系统；应采用二级漏电保护系统。

5. 电工应有上岗证。

6. E 线上未装设开关或熔断器。

7. PE 线上未通过工作电流。

8. PE 线不断线。

9. TN 系统中的保护零线应在配电室或总电箱处、中间处和应端处做重复接地。

10. 在 TN 系统中重复接地装置的接地电阻值小于 10Ω。

11. 配电柜应装设电源隔离开关及短路、过载、漏电保护电器。

12. 电缆线路地面不应明设。

13. 埋地电缆路径应设方位标志。

14. 应做到"一机、一闸、一漏、一箱"。

15. PE 线端子板应与金属电器安装板做电气连接。

16. N 线端子板应与金属电器安装板绝缘。

17. 开关箱中漏电保护器的额定漏电动作电流，额定漏电动作时间应符合规范要求。

18. 用于潮湿或有腐蚀介质场所的漏电保护器应采用防溅型产品。

19. 对配电箱、开关箱维修检查时，应将其前一级相应的电源隔离开关分闸断电，悬挂"禁止合闸，有人工作"的停电标志牌。

20. 电工不带电作业。

21. 对机械设备清理、检查、维修时，应将其开关箱分闸断电，关门上锁。

22. 在潮湿场所作业，应采用安全特低电压照明器。

23. 照明变压器应使用双绕组型安全隔离变压器。

24. 对夜间影响飞机或车辆通行的在建工程及机械设备，应设置醒目的红色信号灯。

25. 施工现场电源箱要设专人管理，电源箱内回路、元器件要有明显标志，对触电保安器、闸刀、熔丝等进行定期检查，发现问题要及时处理，严防触电事故发生。

26. 所有电工必须持证上岗，每条线路上每隔50m重复接地且不大于4Ω。

27. 对各类施工机具进行定期检查，并做好记录，各类机具、工具在租赁时和使用前都必须进行全面的检查、确认，不符合要求的严禁使用，发现问题及时处理，消除隐患，做到防患于未然；进一步加强施工现场的施工设备、仪器、仪表的管理，重要的施工设备、仪器、仪表要设专人管理。严格执行施工设备、仪器、仪表领用制度。

28. 现场施工及生活用电应做到：电源布置合理清晰，电源线尽量走电缆沟，过道必须有穿管等防护措施。

29. 电源箱实行挂牌管理，责任到人，执行跟踪卡制度；每日下班前必须对所有电源箱检查一次，所有开关、闸刀在打开位置，每周一次全面检查；触电保安器工作正常，不得随意退出。

30. 生活用电不得私拉乱接，电器使用应符合工地有关规定。

31. 电动机具及电源箱的外壳接地必须接触良好，按要求定期检查电动机具的绝缘。

32. 加强施工机具的管理。工机具实行挂牌管理，责任到位，专人负责，及时维修和检查。

33. 特殊场合照明器的安全电源电压：

（1）有高温、导电灰尘和灯具离地低于2.4m等场所的照明，电源电压不得大于36V。

（2）在潮湿易触电体及带电场所的照明电源电压不得大于24V。

（3）在特别潮湿的场所、导电良好的地面或金属容器内工作的照明电源电压不得大于12V。

五、物料提升机

1. 应有使用登记证。
2. 应经检测单位检测合格后使用，定期保养，而且有记录。
3. 产权单位应根据现场工作条件及设备情况编制安装、拆卸施工方案。
4. 施工方案应经产权单位分管负责人、总监理工程师审批签字。
5. 各层联络应有明确信号和楼层标记。
6. 通道口走道板应满铺并固定牢靠。两侧边应设置符合要求的防护栏杆和挡脚板，并用密目安全网封闭两侧。
7. 不采用钢筋或多股铅丝作缆风绳。

8. 地锚应符合要求。

9. 连墙杆与脚手架连接。

10. 附着装置应为原制造厂制造。

11. 基础的埋深与做法，应符合设计和提升机出厂使用规定。

12. 物料提升机不得乘人。

13. 操作人员应持证上岗。

六、外用电梯

1. 应有使用登记证。

2. 应经检测单位检测合格后使用。装、拆人员必须持证上岗。

3. 产权单位编制的安装、拆卸施工方案应经产权单位分管负责人签字，施工单位技术负责人审批认可，总监理工程师审批签字后方可实施。

4. 梯笼安全装置应经试验合格且灵敏可靠。

5. 楼层门应采取防止人员和物料坠落的措施。

6. 载货电梯轿厢内不得乘人，载物不得超载。

7. 电梯上下运行应顺畅。

8. 电梯轿厢内载荷应均匀，不偏重。

9. 操作人员应持证上岗。

10. 电梯安装、拆卸必须专人统一指挥，作业区上方及地面10m范围内设禁区并设专人监护。

11. 电梯在重新安装以前（转移施工现场）必须认真检修和调试限速器。若使用期满1年，应重新检修、调试。

12. 在梯笼顶部进行安装、拆卸和检修作业时，必须使用可移动按钮开关。

13. 在安装、拆卸时，严禁超过架设载荷量（即无配重时的载荷量）的规定。

14. 用起重机安装、拆卸井架时，组装井架不得超过四节。

15. 安装吊杆有悬挂物时不得开动梯笼。

16. 拆卸井架时，必须先吊井架，再松下螺栓梯笼上部，导向轮必须降到应拆井架之下。

17. 横竖支撑的安装与拆卸，必须随井架高度同步进行。

18. 安装时，底笼与建筑物的距离，附着支撑的间隔，前后支撑的间隔，井架悬挑高度、齿轮、齿条的间隙均应符合说明书的规定。

19. 雨天、雾天及五级以上大风的天气，不得进行安装与拆卸。

20. 在装拆时，必须设置安全警戒区域，并有专人进行安全监护。

(1) 电梯司机必须经过专门安全培训，考试合格持证上岗，严禁酒后上班。

（2）电梯司机必须熟悉所操作电梯的性能、构造、保养、维修知识，按规定及时填写机械履历书和规定的报表。

（3）施工电梯周围5m以内，不得堆放易燃、易爆物品及其他杂物，不得在此范围内挖沟、坑、槽。电梯地面进料口应搭设防护棚。

（4）同一现场施工的塔式起重机或其他起重机械应距施工电梯5m以上，并应有可靠的防撞措施。

（5）施工电梯的楼层通讯装置应保持完好及经过二级漏电保护。

21. 施工电梯停止运行后遵守以下规定：

（1）电梯未切断总电源开关前，司机不得离开操作岗位。

（2）作业后，将梯笼降到底层，各控制开关板至零位，切断电源，锁好闸箱和梯门。

（3）下班后按规定进行清扫、保养，并做好当班记录。

（4）凡遇到有下列情况时应停止运行：天气恶劣，如大雨、大风（六级以上）、大雾、导轨结冰等；灯光不明，信号不清；机械发生故障未排除；钢丝绳断丝磨损超过报废标准。

七、塔吊

1. 建筑起重机械安装、拆卸工程档案应当包括以下资料：

安装、拆卸合同及安全协议书；安装、拆卸工程专项施工方案；安全施工技术交底的有关资料；安装工程验收资料；安装、拆卸工程生产安全事故应急救援预案。

应有生产厂家的生产、销售许可证、使用登记证，生产厂家对该型号塔机进行备案资料，提供的说明书、合格证、国家技术监督局下发的塔机监督检验证明。

安装单位的资质、安装人员特种上岗证；采用天然地基地耐力必须满足厂家基础设计要求，使用前应经有资质检测单位检测出具合格证后方可使用，同时注意使用的有效时间，到期后应进行复检。

安装、拆除施工方案，应经产权单位分管负责人签字、施工单位技术负责人审批认可，总监理工程师审批签字后方可实施。

2. 司机应持证上岗。

3. 信号指挥、司索工应持证上岗。

4. 高塔指挥应使用旗语或对讲机。

5. 地面平整与地耐力不满足要求，应采用铺垫措施。

6. 起重机行驶或停放，与沟渠、基坑应保持5m距离。

7. 起重吊装作业应有警戒标志，旋转半径内不得站人。

8. 应设专人警戒。

9. 采用非常规起重设备、方法，且单件起吊质量在100kN及以上的起重吊装工程、起重量300kN及以上的起重设备安装工程、高度200m及以上内爬起重设备的拆除工程，应组织专家论证，出具书面论证报告。

10. 大风6级天气停止使用，恶劣天气过后检查塔吊垂直度偏差不超过1‰；多塔作业应有防碰撞措施，施工中必须保持三大机构（起升机构、回转机构、变幅机构）的限位齐全有效。

11. 塔吊基坑无积水。使用中经常检查起吊的钢丝绳，断丝断股报废应符合GB/T 5972；吊钩防脱装置必须保持齐全有效；塔吊的避雷装置必须齐全，测试有效电阻不大于4Ω。

12. 塔吊旋转半径内的设备、临时建筑物、高压线路应搭设双层防护棚。

13. 塔吊整体安装或每天爬升后，均须经规定程序验收通过后，才可使用。

14. 起重机必须有安全可靠的接地。

15. 工作前应检查钢丝绳、安全装置、制动装置传动机构等，如有不符合要求的情况，应予修整，经试运转确认无问题后才能施工。

16. 禁止越级调速和高速时突然停车。

17. 当机构出现不正常时，应及时停车，将重物放下，切断电源，找出原因，排除故障后才能继续工作，禁止在工作过程中调整或检修。

18. 必须遵守"十不吊"等有关安全规程。

19. 爬升操作时，应按说明书规定步骤进行，还应遵守以下要求：

（1）风力在四级以上时不得进行顶升、安装、拆卸作业。作业时突然遇到风力加大，必须立即停止作业，并将塔身固定。

（2）顶升前必须检查液压顶升系统各部件的连接情况，并调整好爬升架滚轮与塔身的间隙，然后放松电缆，其长度略大于总的顶升高度，并紧固好电缆卷筒。

（3）顶升操作的人员必须是经专业培训考核合格的专业人员，并分工明确，专人指挥，非操作人员不得登上顶升套架的操作台，操作室内只准一人操作，必须听从指挥。

（4）顶升作业时，必须使塔机处于顶升平衡状态，并将回转部分制动住。严禁旋转臂杆及其他作业，顶升发生故障，必须立即停止，待故障排除后方可继续顶升。

（5）顶升到规定自由高度时必须将塔身附着在建筑物上再继续顶升。

（6）顶升完毕应检查各连接螺栓按规定的预紧力矩紧固，爬升套架滚轮与塔身应吻合良好，左右操纵杆应在中间位置，并切断液压顶升机构电源。

20. 加节爬升后应注意校正垂直度，使之偏差不大于1‰。

21. 塔机在顶升拆卸时，禁止塔身标准节未安装接牢以前离开现场，不得在牵引平台上停放标准节（必须停放时要捆牢）或把标准节挂在起重钩上就离开现场。

22. 工作完毕后，应把吊钩提起，小车收进，所有操纵手把置于零位，切断电源，锁好配电箱，关闭司机门窗。

23. 监理单位应当将危险性较大的分部分项工程列入监理规划和监理实施细则，应当针对工程特点、周边环境和施工工艺等，制定安全监理工作流程、方法和措施。

八、施工机具

严格遵守《建筑安装工人安全生产基本规定》，并在每班作业前认真检查各部位零件紧固和安全状况，确认符合安全要求的前提下方可操作，每班作业结束后操作工应按照"清洁、润滑、紧固、调整、防腐"的十字要求，认真做好保养工作并切断电源后方准离开作业点。

（一）平刨

1. 应有验收合格手续。
2. 应有护手安全装置。
3. 机械传动部位应有防护罩。
4. 不得戴手套作业，应持证上岗。

（二）圆盘锯

1. 应有验收合格手续。
2. 圆盘锯的上方应安装防护罩。
3. 圆盘锯的前方应安装分料器（劈刀）。
4. 圆盘锯的后方应设置防止木料倒退的装置。
5. 机械传动部位应安装防护罩。
6. 操作人员不得站在和面对与锯片旋转的离心力方向操作。
7. 圆盘锯不得使用禁止的倒顺开关。

（三）手持电动工具

1. 用Ⅰ类工具金属外壳应做保护接零。
2. 使用Ⅰ类工具作业人员应穿戴绝缘防护用品。
3. 露天、潮湿场所或在金属架上操作时，不使用Ⅰ类工具。
4. Ⅰ类手持电动工具的绝缘值低于2Ω，应符合要求。
5. Ⅱ类手持电动工具的绝缘值低于7Ω，应符合要求。
6. 手持电动工具自带的软电缆或软线不得任意拆除或接长。

（四）钢筋机械

1. 应有验收合格手续。

2. 机械传动部位应有防护罩。
3. 钢筋冷拉场地应设置警戒区、防护栏杆及标志。
4. 对焊作业应有防止火花烫伤的措施。
5. 操作人员应持证上岗。

（五）电焊机

1. 应有验收合格手续。
2. 应有二次空载降压保护或防触电装置。
3. 焊把线防止绝缘老化。
4. 应有防雨措施。
5. 操作人员应持证上岗。
6. 电焊机外壳必须接地良好，其电源的装拆应由电工操作。
7. 电焊机要设单独的开关，开关应放在防雨的闸箱内；拉合时应戴手套侧向操作。
8. 焊钳与把线必须绝缘良好，连接牢固，更换焊条应戴手套。在潮湿地点工作，应站在绝缘胶板或木板上。
9. 严禁在带压力的容器或管道上施焊，焊接带电的设备必须先切断电源。
10. 焊接储存过易燃、易爆、有毒物品的容器或管道前，必须清除干净，并将所有孔口打开。
11. 在密闭金属容器内施焊时，办理进入容器作业证，容器必须可靠接地，通风良好，并应有人监护。严禁向容器内输入氧气。
12. 焊接预热工件时，应有石棉布或挡板等隔热措施。
13. 把线、地线禁止与钢丝绳接触，更不得用钢丝绳或机电设备代替零线。所有地线接头必须连接牢固。
14. 更换场地移动把线时，应切断电源，并不得手持把线爬梯登高。
15. 清除焊渣、采用电弧气刨清根时，应戴防护眼镜或面罩，防止铁渣飞溅伤人。
16. 多台电焊机在一起集中施焊时，焊接平台或焊件必须接地，并应用隔光板。
17. 针钨极要放置在密闭铅盒内，磨削针钨极时，必须戴手套、口罩，并将粉尘及时排除。
18. 二氧化碳气体预热器的外壳应绝缘，端电压不应大于36V。
19. 雷雨时，应停止露天焊接作业。
20. 施工焊接场地周围应清除易燃易爆物品，或进行覆盖、隔离。
21. 必须在易燃易爆气体或液体扩散区施焊时，应经有关部门检试许可后，方可施工焊接。
22. 工作结束，应切断焊机电源，并检查操作地点，确认无起火危险后，方可离开。

（六）搅拌机

1. 应有验收合格手续。

2. 钢线绳磨损不得超过规定。

3. 出料操作手柄应有锁住保险装置。

4. 应有保险挂钩或保险挂钩环。

5. 传动部位应有防护罩。

6. 不得将头手伸入搅拌筒。

7. 操作人员应持证上岗。

8. 搅拌机必须安置在坚实的地方，用支架或支脚筒架稳，不准以轮胎代替支撑。

9. 开动搅拌机前应检查，离合器、制动器、钢丝绳等反应良好，滚筒内不得有异物。

10. 进料斗升起时，严禁任何人在料斗下通过或停留。工作完毕后应将料斗固定好。

11. 运转时，严禁将工具伸进滚筒内。

12. 现场检修时，应固定好料斗，切断电源。进入滚筒时，应有专人监护。

（七）气瓶

1. 气瓶间距小于5m，应有隔离措施。

2. 气瓶明火距离小于10m，应有隔离措施。

3. 乙炔瓶不应平放。

4. 气瓶存放应符合要求。

5. 气瓶存放处应设安全标志。

6. 气瓶存放区应配备灭火器材。

7. 使用和运输应检查防震圈、瓶帽完好情况。

8. 严格动火审批制度。

（八）翻斗车

1. 翻斗车应取得准用证。

2. 翻斗车应年检。

3. 司机应持证驾车。

4. 翻斗车行车不得载人。

（九）潜水泵

1. 应做试运转后，再投入使用。

2. 直接放入水中，应设防杂物进入措施。

3. 水泵放入水中不能直接拽拉电缆。

（十）打桩机

1. 打桩机应定期年检，取得主管部门核发的准用证。
2. 雨天应在有防雨措施的情况下启动运行。
3. 行走路线地的耐力应符合说明书要求。
4. 作业区内应无高压线，不能危及安全。
5. 作业区应有明显标志或围栏，非工作人员不得自由进出。
6. 机具人员登高检查或维修时，应系安全带。
7. 吊桩、吊锤、回转或行走等动作不得同时进行。
8. 雷雨、大雾和六级以上大风等恶劣天气，应停止作业。

（十一）水磨石机

1. 电缆应离地架设。
2. 水磨石机扶手绝缘不得损坏。
3. 操作人员应有防护措施。

（十二）平板振动器

1. 平板振动器绝缘不得损坏。
2. 操作人员应有防护措施。
3. 使用时，引出电缆线不应拉得过紧，使用前应认真进行检查。

（十三）插入式振捣器

1. 操作人员应穿戴绝缘胶鞋和绝缘手套。
2. 不用软管拖拉电动机。
3. 不用电缆线拖拉或吊挂振捣器。
4. 操作手柄绝缘不得损坏。
5. 操作工穿戴防护用品。
6. 使用振动棒应穿胶鞋，湿手不得接触开关，电源线不得破皮漏电。

（十四）蛙式打夯机

1. 操作手柄绝缘不得损坏。
2. 操作工应穿戴防护用品。
3. 不得一人操作。
4. 不得使用倒顺开关。
5. 不得在斜坡上夯行。
6. 蛙式打夯机手把上应装按钮开关，并包绝缘材料，操作时应戴绝缘手套。打夯机电源电缆必须完好无损。作业时，严禁夯击电源线。
7. 在坡地或松软土层打夯，严禁背着牵引。

（十五）卷扬机

1. 卷扬机应安装在平整坚实、视线良好的地点，机身和地锚必须牢固。卷扬机与导向滑轮中心线应垂直对正；卷扬机距离滑轮一般应小于15m。

2. 作业前，应检查钢丝绳、离合器、制动器、保险棘轮、传动滑轮等，确认安全可靠方准操作。

3. 钢丝绳在卷筒上必须排列整齐，作业中最小需保留三圈。

4. 作业时，不准人员跨越卷扬机的钢丝绳。

5. 吊运重物需在空中停留时，除使用制动器外，并应用棘轮保险卡牢。

6. 操作时严禁擅自离开岗位。

7. 工作中要听从指挥人员的信号，信号不明或可能引起事故时，应暂停操作，待弄清情况后方可继续作业。

8. 作业中突然停电，应立即拉开闸刀，并将运送物件放下。

9. 操作人员持证上岗。

九、脚手架

（一）落地式外脚手架

1. 项目分管负责人应组织脚手架验收合格后使用。

2. 施工方案应经施工单位技术负责人、总监理工程师审批签字。

3. 基坑不得积水，底座不得松动，局部立杆不得悬空。

4. 不得使用仅有拉筋的柔性连墙件。

5. 对高度在24m以上的双排脚手架，应采用刚性连墙件与建筑物可靠连接。

6. 连墙件、门洞桁架应符合要求。

7. 在脚手架使用期间不得拆除连墙件。

8. 在脚手架使用期间不得拆除主节点处的纵横向水平杆、纵横向扫地杆。

9. 在脚手架基础及其附近处不得进行挖掘作业。

10. 在脚手架上电、气焊作业，应有防火措施和专人看守。

11. 作业层脚手板应铺设严密。

12. 作业层脚手板下部应用安全平网兜底。

13. 脚手架外侧应采用密目式安全网做全封闭，不得有空隙。

14. 密目式安全网应可靠固定在架体上。

15. 作业层脚手板与建筑物之间的空隙大于15cm，应做全封闭。

16. 应设作业人员上下专用通道。

17. 模板支架、缆风绳、泵送混凝土和砂浆的输送管等不得固定在脚手架上。

18. 作业层上施工荷载不得超载。

19. 在脚手架上不得悬挂起重设备。

20. 刚性连墙件与建筑物可靠连接应符合规范要求。

21. 小横杆搭设应符合要求。

22. 剪刀撑设置应符合规范要求。

23. 脚手架不得变形，且应有可靠的避雷、接地。

24. 脚手架所在横楞两端，均与墙面撑紧，四角横楞与墙面距离，平衡对重一侧为 600mm，其他三侧均为 400mm，离墙空挡处应加隔排钢管，间距不大于 200mm，隔排钢管离四周墙面不大于 150mm。

25. 脚手架柱距不大于 1.8m，步距为 1.8m，每低于楼层面 200mm 处加搭一排横楞，横向间距为 350mm，满铺竹笆，竹笆一律用铅丝与钢管四点绑扎牢固。

26. 从二层楼面起张设安全网，往上每隔两层最多隔 10m 设置一道安全网，保持完好无损、牢固可靠。

27. 拉结必须牢靠，墙面预埋张网钢筋不小于 $\phi14$，钢筋埋入长度不少于 30dm。

28. 50m 及以上落地脚手架，应组织专家论证，出具书面论证报告。

29. 监理单位应当将危险性较大的分部分项工程列入监理规划和监理实施细则，应当针对工程特点、周边环境和施工工艺等，制定安全监理工作流程、方法和措施。

（二）悬挑式脚手架

1. 应经项目负责人组织验收合格后使用。

2. 施工方案、设计计算书应经施工单位技术负责人、总监工程师审批签字。

3. 应采用型钢（工字钢、槽钢）作悬挑梁。

4. 连墙件应符合规范要求。

5. 在脚手架使用期间不得拆除连墙件。

6. 脚手板采用由毛竹制作的竹制笆板；且符合脚手板相关要求，作业层脚手板应铺设严密，用安全平网兜底，其离开墙面 120～150mm；竹笆脚手板应按其主竹筋垂直于纵向水平杆方向铺设，且采用对接平铺，四个角应用直径 1.2mm 的镀锌钢丝固定在纵向水平杆上；作业层端部脚手板探头长度应取 150mm，其板长两端均应与支承杆可靠地固定。

7. 脚手架外侧应采用密目式安全网做全封闭，不得有空隙。

8. 密目式安全网应可靠固定在架体上。

9. 作业层脚手板与建筑物之间的空隙大于 15cm 时，应做全封闭。

10. 模板支架、缆风绳、泵送砼和砂浆的输送管等不得固定在脚手架上，也不得在脚手架上悬挂起重设备。

11. 施工荷载不得超过规范规定。

12. 不得使用钢管扣件悬挑脚手架。

13. 脚手架立面应有防护，搭设应规范。

14. 脚手架在拆除过程中严禁抛掷至地面。

15. 钢管选用国标《直缝电焊钢管》(GB/T 13793)，质量符合国标碳素结构钢（GB/T 700）Q235-A级钢要求。钢管上打孔的严禁使用，有严重锈蚀、弯曲、压扁或裂纹钢管不得采用。

16. 扣件采用可锻铸性材料制作，其材质符合国家标准《钢管脚手架扣件》(GB 15831) 的规定，使用前进行质量检查，有裂缝、变形的严禁使用，扣件应做防锈处理，螺栓拧紧，扭力矩达65N·m时不得发生破坏。扣件主要有三种形式，直角扣件用于连接扣紧两根垂直相交杆件；回转扣件用于连接两根呈任意角度相交的杆件；对接扣件用于连接两根杆件的对接接长。

17. 搭设架子前应进行保养，除锈并统一涂色，颜色力求环境美观。脚手架立杆、防护栏杆、踢脚杆统一漆黄色，剪力撑统一漆橘红色。底排立杆、扫地杆均漆红白相间色。

18. 脚手架施工前必须将入场钢管取样，送有相关国家资质的检测单位进行钢管抗弯、抗拉等力学试验，试验结果满足设计要求后，方可在施工中使用。新用的钢管要有出厂合格证。

19. 安全网采用密目式安全网，网目应满足2000目/100cm²，做耐贯穿试验不穿透，6m×1.8m的单张网重量在3kg以上，颜色应满足环境效果要求，选用绿色。要求阻燃，使用的安全网必须有产品生产许可证和质量合格证以及建筑安全监督管理部门发放的准用证。

20. 悬挑脚手架架体高度超过20m及以上应组织专家论证，出具书面论证报告。

21. 监理单位应当将危险性较大的分部分项工程列入监理规划和监理实施细则，应当针对工程特点、周边环境和施工工艺等，制定安全监理工作流程、方法和措施。

（三）门形脚手架

1. 施工方案应经施工单位技术负责人、总监理工程师审批签字。
2. 应经项目负责人组织验收合格后使用。
3. 立杆基础应平整夯实、铺垫木。
4. 施工期间不得拆除交叉支撑、水平架。
5. 施工期间不得拆除连墙件。
6. 施工期间不得拆除剪力撑、水平加固杆、封口杆等。
7. 操作层上施工荷载不得超载。
8. 禁止在脚手架上拉缆风绳或固定、架设混凝土泵、泵管及起重设备。
9. 禁止在脚手架上集中堆放模板、钢筋等物件。
10. 禁止在脚手架基础或邻近进行挖掘作业。
11. 应设置上下专用通道。

12. 连墙件及支撑体系的构造应符合施工方案的要求。

13. 转角处、门洞处理应符合施工方案的要求。

14. 安全防护措施应符合要求。

（四）吊篮脚手架

1. 应有使用登记证。

2. 使用前应经产权单位与施工单位验收合格后使用。

3. 施工方案应经施工单位技术负责人、总监理工程师审批签字。

4. 吊篮使用前应经荷载试验。

5. 作业人员应经体检合格上岗。

6. 吊篮操作工应持证上岗。

7. 安全带应挂设在单独设置的安全绳上。

8. 暴雨、大雪的天气或风力超过 5 级，不得使用吊篮。

9. 使用吊篮脚手架时，应在下层外侧设一道双层 6cm 的宽水平安全网。

10. 吊篮底部应设置兜底安全网。

11. 在吊篮作业区周围应设立围栏及醒目的警示标识。

（五）附着式升降脚手架

1. 应有使用登记证。

2. 应经检测单位检测合格后使用。

3. 施工方案应经产权单位分管负责人、总监理工程师审批签字。

4. 附着式升降脚手架每提升一次，应由项目分管负责人组织验收合格后使用。

5. 应设置安全可靠的防倾覆、防坠落装置。

6. 附着式升降脚手架，升降时，应设专人对脚手架作业区域进行监护。

7. 外侧封闭、作业层下方以及离墙空隙应封闭严密。

8. 卸料平台支撑系统不与架体连结。

9. 卸料平台搭设好后，项目负责人应组织验收合格后使用。

10. 提升高度 150m 及以上附着式整体和分片提升脚手架工程，应组织专家论证，出具书面论证报告。

11. 监理单位应当将危险性较大的分部分项工程列入监理规划和监理实施细则，应当针对工程特点、周边环境和施工工艺等制定安全监理工作流程、方法和措施。

十、卸料平台

（一）悬挑式卸料平台

1. 施工方案，应经施工单位技术负责人、总监理工程师审批签字。

2. 计算书及图纸应编入施工方案。

3. 卸料平台上应标明容许荷载。

4. 卸料平台上人员和物料的总重量不得超过容许荷载。
5. 卸料平台的搁支点与上部拉结点，应位于建筑物上，平台要固定。
6. 卸料平台两边应各设前后两道钢丝绳。
7. 卸料平台堆放任何材料，长、短必须一致，堆放整齐。
8. 堆放吊运的钢管时，扣件必须拆除干净。
9. 吊运小件材料必须用麻袋（麻袋口需扎紧），用铁笼吊运，堆放高度不能超过铁笼高度。
10. 卸料平台周围材料随时清运干净，预防小件材料附落伤人。
11. 严禁将平台作为休息平台。
12. 运料人员不得在卸料平台上嬉戏打闹。
13. 无塔吊指挥工在现场指挥，严禁吊物。
14. 悬挂明显的针对各种材料的限重标识。
15. 卸料平台必须按照临边作业要求设置防护栏杆和挡脚板，上杆高度为1.2m，下杆高度为0.6m，挡脚板高度不低于18cm，栏杆必须自上而下加挂密目安全网。

（二）落地式卸料平台

1. 施工方案应经施工单位技术负责人、总监理工程师审批签字。
2. 应经验收合格后使用。
3. 地基应夯实硬化。
4. 在钢管立杆底部应底座和垫木。
5. 立杆、纵横向水平杆间距及垫木面积应经计算确定。
6. 卸料平台四周应设置剪刀撑。
7. 卸料平台四角立杆对角间应设置剪刀撑。
8. 卸料平台相邻杆之间应设置斜撑。
9. 卸料平台上应满铺50mm厚脚手板。
10. 高度不超过10m的卸料平台，顶部应设一组缆风绳。
11. 高度超过10m，每增高7m应加设一组缆风绳。
12. 应与外脚手架分离独立搭设。
13. 应在卸料平台的显著位置标明其允许的荷载。
14. 卸料平台必须按照临边作业要求设置防护栏杆和挡脚板，上杆高度为1.2m，下杆高度为0.6m，挡脚板高度不低于18cm，栏杆必须自上而下加挂密目安全网。

十一、预防坍塌

（一）围墙

1. 不得在施工围墙上方或紧靠施工围墙架设广告或宣传标牌。
2. 在施工围墙外侧设置禁止人群停留、聚集和堆砌土方货物等警示标志。

3. 临时建筑外侧为街道或行人道的，应采取加固措施。

（二）组装式活动房

1. 应有产品合格证，且采用阻燃性产品。
2. 应经验收合格签字后使用。
3. 搭设在空旷、山脚处的活动房应采取防风、防洪和防暴雨等措施。
4. 在坠落半径内应采取相应防护措施。

（三）楼面、屋面堆放材料

1. 应控制数量、重量，防止超载。均匀布置，不得集中堆放。
2. 堆放数量较多时，应进行荷载计算，并对楼面、屋面进行加固。

（四）高切边坡

1. 施工方案应经施工单位技术负责人、总监理工程师审批签字。
2. 岩质边坡超过30m，或土质边坡超过15m的高切边坡，施工方案应组织专家论证。
3. 应遵循自上而下的开挖顺序，不得先切除坡脚。

十二、文明施工

（一）围挡

1. 应设置高于1.8m的围挡。
2. 在市区主要路段应设置高于2.5m的围挡。
3. 围挡材料应坚固、稳定、整洁、美观。
4. 围挡应连续设置。

（二）封闭管理

1. 进出口应有大门。
2. 应有门卫和门卫制度，进出门应登记。
3. 在进出口暂应设置企业名称或企业标识、工程概况牌、施工总平面图、安全生产牌、消防保卫牌、环境保护牌、文明施工牌。
4. 进入施工现场应佩戴工作卡。

（三）施工现场

1. 工地地面及主要道路应做硬化处理。
2. 应有排水设施及沉淀池。
3. 应有绿化布置。
4. 施工现场土方应及时进行覆盖。
5. 应设置车辆冲洗设施。
6. 施工现场大门应设置门楼、五牌一图。

(四) 材料堆放

1. 应按总平面图布置堆放。
2. 堆放应整齐。
3. 料堆应挂名称、品种、规格等标牌。
4. 易燃易爆物品应分类存放。

(五) 宿舍

1. 室内净高应不小于 2.4m，通道宽度不小于 0.9m。
2. 应设置可开启式窗户。
3. 不得使用通铺。
4. 应设置生活用品专柜。
5. 应设置垃圾桶、鞋架及晾晒衣物的场地。
6. 不得在尚未竣工的建筑物内设置员工宿舍。
7. 作业区、生活区应分开。
8. 宿舍及周围环境应卫生、安全。
9. 不得乱拉接电线。

(六) 食堂

1. 应有卫生许可证。
2. 炊事人员应有健康证，应穿戴洁净的工作服、工作帽和口罩；穿着干净、文明操作。
3. 应有卫生责任制。
4. 应设置独立的制作间、储藏室。
5. 制作间灶台及周边应贴瓷砖，地面应做硬化处理，搞好施工现场食堂的卫生工作，确保餐具、炉灶符合卫生要求，保持食堂的干净、整洁。
6. 应配备排风和冷藏设施，对燃具、蒸箱、易燃瓶应经常检验，发现隐患应及时修理。
7. 生熟应分开，冬、夏季应确保施工现场充足的饮用水。
8. 应设置密闭的泔水桶，并及时清运。
9. 炊具、餐具和公用饮水器应清洗消毒。
10. 应设置隔油池并及时清理。
11. 食堂应符合卫生要求，确保无鼠、无蝇。
12. 不得采购和出售变质的生菜、熟菜等食品。
13. 应使用清洁能源。

(七) 防尘

1. 裸露的场地和集中堆放的土方应采取覆盖、固化绿化等措施。
2. 应采用容器或管道清运垃圾。
3. 不得焚烧废弃物。

4. 土方作业应采取扬尘措施。

5. 应设置车辆冲洗设施。

6. 施工垃圾、生活垃圾应分类存放，及时清运出场。

(八) 防火

1. 应有消防措施、制度。

2. 应有动火审批制度。

3. 应有动火监护。

4. 应有灭火器材。

5. 灭火器材配置应合理。

6. 高度超过30m的高层建筑，应配备立管直径在DN50以上、有足够水压的消防水源。

(九) 防噪声

1. 强噪声设备应设置在远离居民区一侧，或采取降低噪声措施。

2. 未经批准不得进行超过夜间噪声标准的施工。

3. 装卸材料应做到轻拿轻放。

4. 车辆不得进行施工现场鸣笛，工人不得大声喧哗。

十三、其他

根据《危险性较大的分部分项工程安全管理办法》建质（2009）87号文要求，以下几种情况必须组织专家论证，并出具书面论证报告。

1. 拆除、爆破工程

(1) 采用爆破拆除的工程。

(2) 码头、桥梁、高架、烟囱、水塔或拆除中容易引起有毒有害气（液）体或粉尘扩散、易燃易爆事故发生的特殊建、构筑物的拆除工程。

(3) 可能影响行人、交通、电力设施、通讯设施或其他建、构筑物安全的拆除工程。

(4) 文物保护建筑、优秀历史建筑或历史文化风貌区控制范围的拆除工程。

2. 其他

(1) 施工高度50m及以上的建筑幕墙安装工程。

(2) 跨度大于36m及以上的钢结构安装工程；跨度大于60m及以上的网架和索膜结构安装工程。

(3) 开挖深度超过16m的人工挖孔桩工程。

(4) 地下暗挖工程、顶管工程、水下作业工程。

(5) 采用新技术、新工艺、新材料、新设备及尚无相关技术标准的危险性较大的分部分项工程。

第十七部分 人员密集场所消防安全要点

一、单位消防安全管理

1. 消防安全组织机构健全。
2. 消防安全管理制度完善。
3. 日常消防安全管理落实。火灾危险部位有严格的管理措施；定期组织防火检查、巡查，能及时发现和消除火灾隐患。
4. 重点岗位人员经专门培训，持证上岗。员工会报警，会灭初期火灾，会组织人员疏散。
5. 对消防设施定期检查、检测、维护保养，并有详细完整的记录。
6. 灭火和应急疏散预案完备，并有定期演练的记录。
7. 单位火警处置及时准确。对设有火灾自动报警系统的场所，随机选择一个探测器吹烟或手动报警，发出警报后，值班员或专（兼）职消防员携带手提式灭火器到现场确认，并及时向消防控制室报告。值班员或专（兼）职消防员会正确使用灭火器、消防软管卷盘、室内消火栓等扑救初期火灾。

二、消防控制室

1. 值班员不少于2人，经过培训，持证上岗。
2. 有每日值班记录，记录完整准确。
3. 有设备检查记录，记录完整准确。
4. 值班员能熟练掌握《消防控制室管理及应急程序》，能熟练操作消防控制设备。
5. 消防控制设备处于正常运行状态，能正确显示火灾报警信号和消防设施的动作、状态信号，能正确打印有关信息。

三、防火分隔

1. 防火分区和防火分隔设施符合规范要求。
2. 防火卷帘下方无障碍物。自动、手动启动防火卷帘，卷帘能下落至地板面，反馈信号正确。

3. 管道井、电缆井以及管道、电缆穿越楼板和墙体处的孔洞封堵密实。

4. 厨房、配电室、锅炉房、柴油发电机房等火灾危险性较大的部位与周围其他场所采取严格的防火分隔，且有严密的火灾防范措施和严格的消防安全管理制度。

四、人员安全疏散系统

1. 疏散指示标志及应急照明灯的数量、类型、安装高度符合要求，疏散指示标志能在疏散路线上明显看到，并明确指向安全出口。

2. 应急照明灯主、备用电源切换功能正常，切断主电后，应急照明灯能正常发光。

3. 火灾应急广播能分区播放，正确引导人员疏散。

4. 封闭楼梯、防烟楼梯及其前室的防火门向疏散方向开启，具有自闭功能，并处于常闭状态；平时因频繁使用需要常开的防火门能自动、手动关闭；平时需要控制人员随意出入的疏散门，不用任何工具能从内部开启，并有明显标识和使用提示；常开防火门的启闭状态在消防控制室能正确显示。

5. 安全出口、疏散通道、楼梯间保持畅通，未锁闭，无任何物品堆放。

五、火灾自动报警系统

1. 检查故障报警功能。摘掉一个探测器，控制设备能正确显示故障报警信号。

2. 检查火灾报警功能。任选一个探测器进行吹烟，控制设备能正确显示火灾报警信号。

3. 检查火警优先功能。摘掉一个探测器，同时给另一探测器吹烟，控制设备能优先显示火灾报警信号。

4. 检查消防电话通话情况。在消防控制室和水泵房、发电机房等处使用消防电话，消防控制室与相关场所能相互正常通话。

六、湿式自动喷水灭火系统

1. 报警阀组件完整，报警阀前后的阀门、通向延时器的阀门处于开启状态。

2. 对自动喷水灭火系统进行末端试水。将消防控制室联动控制设备设置在自动位置，任选一楼层，进行末端试水，水流指示器动作，控制设备能正确显示水流报警信号；压力开关动作，水力警铃发出警报，喷淋泵启动，控制设备能正确显示压力开关动作及启泵信号。

七、消火栓、水泵接合器

1. 室内消火栓箱内的水枪、水带等配件齐全，水带与接口绑扎牢固。
2. 检查系统功能。任选一个室内消火栓，接好水带、水枪，水枪出水正常；将消防控制室联动控制设备设置在自动位置，按下消火栓箱内的启泵按钮，消火栓泵启动，控制设备能正确显示启泵信号，水枪出水正常。
3. 室外消火栓不被埋压、圈占、遮挡，标识明显，有专用开启工具，阀门开启灵活、方便，出水正常。
4. 水泵接合器不被埋压、圈占、遮挡，标识明显，并标明供水系统的类型及供水范围。

八、消防水泵房、给水管道、储水设施

1. 配电柜上控制消火栓泵、喷淋泵、稳压（增压）泵的开关设置在自动（接通）位置。
2. 消火栓泵和喷淋泵进、出水管阀门，高位消防水箱出水管上的阀门，以及自动喷水灭火系统、消火栓系统管道上的阀门保持常开。
3. 高位消防水箱、消防水池、气压水罐等消防储水设施的水量达到规定的水位。
4. 寒冷地区的高位消防水箱和室内外消防管道有防冻措施。

九、防烟排烟系统

1. 加压送风系统。自动、手动启动加压送风系统，相关送风口开启，送风机启动，送风正常，反馈信号正确。
2. 排烟系统。自动、手动启动排烟系统，相关排烟口开启，排烟风机启动，排风正常，反馈信号正确。

十、灭火器

1. 灭火器配置类型正确，如有固体可燃物的场所配有能扑灭 A 类火灾的灭火器。
2. 储压式灭火器压力符合要求，压力表指针在绿区。
3. 灭火器设置在明显和便于取用的地点，不影响安全疏散。

4. 灭火器有定期维护检查的记录。

十一、室内装修

1. 疏散楼梯间及其前室和安全出口的门厅，其顶棚、墙面和地面采用不燃材料装修。

2. 房间、走道的顶棚、墙面、地面使用符合规范规定的装修材料。

3. 疏散走道两侧和安全出口附近无误导人员安全疏散的反光镜子、玻璃等装修材料。

十二、外墙及屋顶保温材料和装修

1. 了解掌握建筑外墙和屋顶保温系统构造和材料使用情况。

2. 了解外墙和屋顶使用易燃可燃保温材料的建筑，其楼板与外保温系统之间的防火分隔或封堵情况，以及外墙和屋顶最外保护层材料的燃烧性能。

3. 对外墙和屋顶使用易燃可燃保温、防水材料的建筑，有严格的动火管理制度和严密的火灾防范措施。

十三、其他

1. 消防主、备电供电和自动切换正常。切换主、备电源，检查其供电功能，设备运行正常。

2. 电器设备、燃气用具、开关、插座、照明灯具等的设置和使用，以及电气线路、燃气管道等的材质和敷设符合要求。

3. 室内可燃气体、可燃液体管道采用金属管道，并设有紧急事故切断阀。

4. 防火间距符合规范要求。

5. 消防车道符合规范要求。

第十八部分 烟花爆竹经营单位现场安全要点

一、烟花爆竹批发企业安全要点

（一）烟花爆竹储存仓库的基本安全条件检查

1. 具有与其经营规模和商品品种相适应的经营场所和仓储设施。

2. 烟花爆竹储存区与办公（生活区）、值班室分离。库房每栋之间的安全距离，不应小于20m。库房与值班室的安全距离，不应小于25m。

3. 库区应设置密实围墙，围墙与库房不宜小于5m，高度不低于2m，围墙顶部设置防攀越措施。

4. 库房周围25m范围内，不应种植针叶树或竹林。

5. 仓库应采取防潮、隔热、通风、防小动物等措施。

6. 仓库可采用砖承重，屋盖宜采用轻质易碎结构。

7. 仓库应设置双层门且向外平开，不设门槛；门宽不小于1.2m。

8. 仓库的窗应能开启，宜配置铁栅和金属网，在勒脚处宜设置进风窗。

9. 仓库的安全出口不应少于两个，当仓库面积小于等于150m^2，且长度小于18m时，可设一个；仓库内任一点至安全出口的距离，不应大于15m。

10. 烟花爆竹储存仓库必须设置消防设施。应有固定式灭火装置，或手抬机动泵及其他消防器材；消防供水的水源必须充足可靠，当利用天然水源时，在枯水期，应有可靠的取水设施；当采用市政管网或自备水源时，管网要设置成环状，以保证不间断供水；消防用水量应按每秒15L计算，消防延续时间应按2h计算。消防蓄水池的保护半径不应大于150m。

11. 仓库内一般不设电路和照明装置，如确需，照明设备应为密封防爆型。

12. 仓库应有避雷和防静电安全设施，每年在雷雨季节前必须经过专业部门检测并合格。

13. 仓库必须设置报警电话、监控装置和采取合适的防盗措施。

（二）储存仓库的安全管理

1. 企业有安全管理机构或者专职安全管理人员。

2. 储存仓库必须在围墙外侧和库区内明显位置设置安全警示标志。警示内容包括：仓库重地严禁烟火；库内禁止携带火种；机动车辆进库必须安装防火罩；机动车辆装卸时必须熄火；禁止燃放烟花爆竹等。

3. 严禁在仓库区内吸烟和用火,严禁把其他容易引起燃烧、爆炸的物品带入仓库区内,严禁在仓库区内住宿和进行其他活动。

4. 库房内应设置测温测湿计,并明确人员每天进行检查登记。库内最高温度不应超过 35℃,相对湿度应控制在 75% 以下。

5. 库房入口处,应设置消除人体静电的装置。

6. 库房门外应设置标志牌,内容包括:仓库危险等级、储存品种、额定药量和负责人。

7. 储存烟花爆竹数量不得超过储存额定药量,应分级分库存放。严禁存放其他物品。

8. 烟花爆竹商品必须堆垛码放,堆垛必须有下垫,堆垛距内墙应不小于 0.45m,堆垛之间距离应不小于 0.70m,搬运通道的距离不应小于 2.0m,堆垛的高度不应超过 2.5m。

9. 装卸作业中,不得碰撞、拖拉、翻滚、倒置和剧烈震动,不许使用铁质工具。

10. 烟花爆竹储存仓库负责人应每天对仓库进行安全检查,对检查中发现的安全问题及时处理,并对检查及处理情况进行记录。

11. 储存仓库应根据从业人员的工作性质,配备符合要求的防护用品。

12. 仓库守护员每天巡查不少于三次,对巡查中发现的问题要及时处理、记录,并向管理人员报告。

13. 各类人员要经过相关部门的安全培训并考核合格持证方可上岗。

14. 进入仓库区的机动车辆,排气管必须佩戴防火花装置,按指定的路线行驶,按规定的地点停放。

15. 仓库应配备专职的值班人员,对进出的人员、车辆货物进行登记。登记内容包括进出库时间、事由、当事人签字。严禁无关人员进入库区。进入库区的人员严禁穿戴不防静电的衣物和钉底鞋。

16. 烟花爆竹储存仓库应建立计算机管理信息系统,由专职保管员对货物进行管理和信息输入。做到账账、账货相符,动态反映存量变化,并留存 2 年备查。

17. 烟花爆竹仓库必须制定烟花爆竹事故应急救援预案,建立应急救援组织,配备应急救援人员,储存应急救援设备物资;经常对应急救援器材设备进行维护保养,每年进行应急救援预案演练 1 次以上,并有演练记录。

18. 变质、过期失效及没收的烟花爆竹,应单独存放并按规定申报,及时清理销毁。

19. 烟花爆竹储存仓库发生生产安全事故,现场人员应当立即报警,同时报告仓库负责人;仓库负责人接到事故报告后,应当迅速启动烟花爆竹事故应急预案,采取有效措施组织抢救,防止事故扩大,同时报告企业主要负责人;烟花爆竹批发企业发生事故必须按照国家有关规定及时、如实报告安全生产监督管理部门和政府其他有关部门，不得隐瞒不报、谎报或拖延不报。

二、烟花爆竹零售经营单位安全要点

1. 建立主要负责人、经营人员安全责任制，并制定购销管理和保管制度。
2. 主要负责人和销售人员经过烟花爆竹安全知识培训，并经安监部门考核合格。
3. 用于经营烟花爆竹的房屋应满足防火要求。
4. 应有经营场所产权或租赁证明材料。
5. 零售场所应配备必要的消防器材，并张贴明显的安全警示标志。
6. 实行专店或者专柜、专人销售，设专人负责安全管理，不得与其他易燃易爆物品同一场所经营；专柜销售时，专柜应当相对独立，与其他柜台的距离不小于2m。专柜长度不小于2m，零售场所的面积不小于10m^2。
7. 所有经营点均不得设立仓库。
8. 在醒目或明显地方张贴安全防范标识。
9. 经营单位应当制订应急救援预案。
10. 具备对外报警、联络的通讯条件，并保证畅通。
11. 店面内不得设有生活设施；不准动用明火；不准使用可能产生明火的设备设施；除用于照明的固定防爆灯具、用于取暖的空调外，不准设置其他电器。
12. 经营场所应当设置一名以上的安全监督管理（专）兼职人员。
13. 经营场所周围100m范围内，没有加油站以及其他易燃易爆危险品生产、经营、储存设施；50m范围内没有学校、幼儿园、体育馆（场）、医院、机关等人员聚集场所。
14. 零售经营单位周边50m范围内没有其他烟花爆竹零售点。
15. 零售场所应大于10m^2。
16. 不得超量储存产品。储存数量严格执行当地有关部门的规定。
17. 零售点应有消防设施及标志。
18. 不得销售非法产品（检查进货清单，核对品种）。
19. 不得销售贴有监封条的产品。